기적의 수학 문장제

10권

초등 5학년

길벗스쿨

기적의 수학문장제 10 권

초판 1쇄 발행 · 2018년 12월 15일
개정 1쇄 발행 · 2024년 11월 15일

지은이 · 김은영
발행인 · 이종원
발행처 · 길벗스쿨
출판사 등록일 · 2006년 7월 1일
주소 · 서울시 마포구 월드컵로 10길 56 (서교동)
대표 전화 · 02)332-0931 | 팩스 · 02)333-5409
홈페이지 · school.gilbut.co.kr | 이메일 · gilbut@gilbut.co.kr

기획 · 김미숙(winnerms@gilbut.co.kr) | 편집진행 · 이지훈
영업마케팅 · 문세연, 박선경, 박다슬 | 웹마케팅 · 박달님, 이재윤, 이지수, 나혜연
영업관리 · 김명자, 정경화 | 독자지원 · 윤정아
제작 · 이준호, 손일순, 이진혁

디자인 · ㈜더다츠 | 표지 일러스트 · 우나리 | 본문 일러스트 · 유재영, 김태형
전산편집 · 보문미디어 | CTP출력 및 인쇄 · 교보피앤비 | 제본 · 경문제책

ISBN 979-11-6406-823-4 64410
(길벗스쿨 도서번호 11016)
정가 12,000원

독자의 1초를 아껴주는 정성 길벗출판사

길벗스쿨 | 국어학습서, 수학학습서, 유아학습서, 어학학습서, 어린이교양서, 교과서
길벗 | IT실용서, IT/일반 수험서, IT전문서, 어학단행본, 어학수험서, 경제실용서, 취미실용서, 건강실용서, 자녀교육서
더퀘스트 | 인문교양서, 비즈니스서

고대 이집트인들은 나일 강변에서 농사를 지으며 살았습니다. 나일강 유역은 땅이 비옥하여 농사가 잘 되었거든요. 그러나 잦은 홍수로 나일강이 흘러넘치기 일쑤였고, 홍수 후 농경지의 경계가 없어져 버려 본래 자신의 땅이 어디였는지 구분하기 힘들었어요. 사람들은 저마다 자신의 땅이라고 우기면서 다투었습니다. 그때, 사람들은 생각했어요.
"내 땅의 크기를 정확히 알 수 있다면, 홍수 후에도 같은 크기의 땅에 농사를 지으면 되겠구나."
이때부터 사람들은 땅의 크기를 재고, 넓이를 계산하기 시작했답니다.

"아휴! 수학을 왜 배우는지 모르겠어요. 어렵고 지겨운 수학을 배워 어디에 써요?"
학년이 올라갈수록 많은 학생들이 이렇게 묻습니다.
만일 고대 이집트인들이 들었다면 이런 대답을 했을 거예요.
"이집트 문명의 발전은 수학이 만들어낸 것이다."

우리 생활에서 일어나는 이런저런 일들은 문제가 일어난 상황을 이해하고 판단하여 해결해야 하는 과정이에요. 이 과정에서 반드시 필요한 능력이 수학적으로 생각하는 힘이고요. 즉, 수 계산이 수학의 전부가 아니라 **수학적으로 생각하기**가 진짜 수학이라는 것이죠.
어떤 문제가 생겼을 때 그것을 해결하기 위해 필요한 것이 무엇인지 판단하고, 논리적으로 조합하여 써내려가는 모든 과정이 수학이랍니다. 그래서 수학은 생활에 꼭 필요하고, 우리가 수학적으로 생각하는 능력을 갖추면 어떤 문제든지 잘 해결할 수 있게 되지요.

기적의 수학 문장제는 여러분이 주어진 문제를 이해하고 판단하여 해결하는 과정을 훈련하는 교재입니다. 이 책으로 차근차근 기초를 다지다 보면 수학과 전혀 관련 없어 보이는 생활 속 문제들도 수학적으로 생각하여 해결할 수 있다는 것을 알게 될 거예요. 그러면 수학이 재미없지도 지겹지도 않고 오히려 퍼즐처럼 재미있게 느껴진답니다.
모쪼록 여러분이 수학과 친해지는 데 기적의 수학 문장제가 마중물이 될 수 있기를 바랍니다.

김은영

수학 문장제 어떻게 공부할까?

지금은 수학 문장제가 필요한 시대

　　로봇, 인공지능과 같은 기술이 발전하면서 4차 산업혁명 시대가 열렸습니다. 이에 발맞추어 교육도 변화하고 있습니다. 새 교육과정을 살펴보면 성장·과정 중심, 스토리텔링 교육, 코딩 교육, 서술형 평가 확대 등 창의력과 문제해결력을 기르는 방향으로 바뀌고 있습니다. 이제는 지식을 많이 아는 것보다 아는 지식을 새롭게 창조하는 능력이 무엇보다 중요한 때입니다.

　　논리적으로 사고하여 문제를 해결하는 수학 과목의 특성상 문제를 다양하게 바라보고 해결 방법을 찾는 과정에서 창의력과 문제해결력을 계발할 수 있습니다. 특히 수학 문장제는 실생활과 관련된 수학적 상황을 인지하고, 해결하는 과정을 통해 문제해결력을 키우기에 아주 효과적입니다.

하지만 수학 문장제를 싫어하는 아이들

　　요즘 아이들은 문자보다 그림과 영상에 익숙합니다. 그러다 보니 읽을 것이 많은 수학 문장제에 겁을 내거나 조금 해보려고 애쓰다 포기해 버리는 경우가 많습니다. 아래는 수학 문장제를 공부할 때 흔히 겪는 여러 가지 어려움들을 나열한 것입니다.

문장제만 보면 읽지도 않고 무조건 별표! 혼자서는 풀 생각도 안 해요.

우리 아이는 풀이 쓰는 것을 싫어해요. 답만 쓰고 풀이 과정은 말로 설명하려고 해요.

문장제만 보면 저를 불러요. 문제가 무슨 말인지 모르겠대요. 문제를 읽어 주면 또 묻죠. "그래서 더해? 빼?" 아이가 문제를 푸는 건지, 제가 푸는 건지 모르겠어요.

우리 아이가 쓴 풀이는 알아볼 수가 없어요. 자기도 한참을 찾아야 해요.

우리 아이는 긴 문제는 읽지도 않으려고 해요.

계산하는 과정 쓰는 것을 싫어해서 암산으로 하다 자꾸 틀려요.

저희 아이도 식은 제가 세워 주고, 아이는 계산만 하려고 해요.

우리 애는 중간까지는 푸는데 끝까지 못 풀어요. 왜 마무리가 안 되는지 모르겠어요.

문제를 읽어도 뭘 구해야 하는지 몰라요.

연산기호 안 쓰는 건 기본이고 등호는 여기저기 막 써서 식이 오류투성이에요.

알긴 아는데 머릿속의 생각을 어떻게 써야 하는지 모르겠대요.

수학 문장제 학습의 가장 큰 고민은 갖가지 문제점들이 복합적으로 얽혀 있어 어디서부터 손을 대야 할지 막막하다는 것입니다. 하지만 대부분의 문제는 크게 두 가지로 나누어 볼 수 있습니다. 바로 '읽기(문제이해)'가 안 되고, '쓰기(문제해결, 풀이)'가 안 되는 것이죠. 국어도 아니고 수학에서 읽기와 쓰기 때문에 곤경에 처하다니 어찌 된 일일까요? 그것은 수학적 읽기와 쓰기는 국어와 다르기 때문에 생긴 문제입니다.

어려움 1

문제읽기와 문제이해　　　"왜 책도 많이 읽는데 수학 문장제를 이해하지 못할까?"

　수학 독해는 따로 있습니다.

　문제를 잘 읽는다고 해서 수학 문장제를 잘 이해할 수 있는 것은 아닙니다.

　'빵이 9개씩 8봉지 있을 때 빵의 개수를 구하는 문제'를 읽고 나서 '몇 개씩 몇 묶음'이 곱셈을 뜻하는 수학적 표현이라는 것을 모르면 문제를 해결할 수 없습니다. 또, 문장을 곱셈식으로 바꾸지 못하면 풀이 과정을 쓸 수도 없습니다.

　이처럼 수학 문장제는 문제를 읽고, 문제 속에 숨겨진 수학적 표현, 용어, 개념을 찾아 해석하는 능력이 필요합니다. 또 문장을 식으로 나타내거나 반대로 주어진 식을 문장으로 읽는 능력도 필요합니다. 다양한 수학 문장제를 풀어 보면서 수학 독해력을 키워야 합니다.

어려움 2

문제해결과 풀이쓰기　　　"답은 구했는데 왜 풀이를 못 쓸까?"

　쓸 수 있어야 진짜 아는 것입니다.

　아이들이 써 놓은 식이나 풀이 과정을 살펴보면 연산기호나 등호 없이 숫자만 나열하여 알아보기 힘들거나, 풀이 과정을 말하듯이 써서 군더더기가 섞여 있는 경우가 많습니다. 숫자를 헷갈리게 써서 틀리는 경우, 두서없이 풀이를 쓰다가 중간에 한 단계를 빠뜨리는 경우, 앞서 계산한 값을 잘못 찾아 쓰는 경우 등 알고도 틀리는 실수들이 자주 일어납니다. 이는 식과 풀이를 논리적으로 쓰는 연습을 하지 않았기 때문입니다.

　풀이를 쓰는 것은 머릿속에 있던 문제해결 과정을 꺼내어 눈앞에 펼치는 것입니다. 간단한 문제는 머릿속에서 바로 처리할 수 있지만, 복잡한 문제는 절차에 따라 차근차근 풀어서 써야 합니다. 이때 풀이를 쓰는 연습이 되어 있지 않으면 어디서부터 어디까지, 어떻게 풀이 과정을 써야 하는지 막막할 수밖에 없습니다.

　덧셈식과 뺄셈식을 정확하게 쓰는 것은 물론, 수학 용어를 사용하여 간단명료하게 설명하기, 문제해결 전략 세우기에 따라 과정 쓰기 등 절차에 따라 풀이 과정을 논리적으로 쓰는 연습을 해야 합니다.

핵심어독해법으로 문제읽기 능력 강화

수학 문장제, 어떻게 읽어야 할까요? 다음 수학 문장제를 눈으로 읽어 보세요.

> 한 상자에 9개씩 담겨 있는 김치만두 3상자와 한 상자에 6개씩 담겨 있는 왕만두 4상자를 샀습니다. 산 만두는 모두 몇 개일까요?

똑같은 문제를 줄을 나누어 썼습니다. 다시 한번 소리 내어 읽어 보세요.

> 한 상자에 9개씩 담겨 있는 김치만두 3상자와
> 한 상자에 6개씩 담겨 있는 왕만두 4상자를 샀습니다.
> 산 만두는 모두 몇 개일까요?

⇨ 눈으로 읽는 것보다 줄을 나누어 소리 내어 읽는 것이 문제를 이해하기 쉽습니다.

똑같은 문제를 핵심어에 표시하며 다시 읽어 보세요.

> 한 상자에 ⑨개씩 담겨 있는 김치만두 ③상자와
> 한 상자에 ⑥개씩 담겨 있는 왕만두 ④상자를 샀습니다.
> 산 만두는 모두 몇 개일까요?

⇨ 중요한 부분에 표시하며 읽는 것이 문제를 이해하기 쉽습니다.

위 문제의 핵심어만 정리해 보세요.

> 김치만두 : 9개씩 3상자, 왕만두 : 6개씩 4상자
> 만두는 모두 몇 개?

⇨ 복잡한 정보들을 정리하면 문제가 한눈에 보입니다.

위와 같이 정보와 조건이 있는 수학 문제를 읽을 때에는
문장의 핵심어에 표시하고, 조건을 간단히 정리하면서 읽는 것이 좋습니다.

핵심어독해법

❶ 핵심어에 표시하며 문제를 읽습니다. ⋯⋯⋯⋯
　핵심어란? 구하는 것, 주어진 것이에요.

❷ 수학 독해를 합니다. ⋯⋯⋯⋯
　□ 핵심어(조건)를 간단히 정리하기
　□ 핵심어(수학 용어)의 뜻, 특징 등 써 보기
　□ 핵심어와 관련된 개념 떠올리기

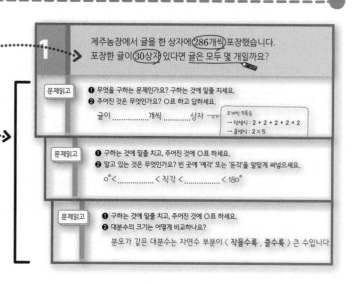

절차학습법으로 문제해결 능력 강화

수학 문장제, 어떤 절차에 따라 풀어야 할까요? 수학 문장제를 푸는 방법은 길을 찾는 과정과 같습니다.

길을 찾는 과정

1 우선 어디로 가려고 하는지 **목적지**를 알아야 합니다.
제주도로 가야 하는데 서울을 향해 출발하면 안 되겠죠?

2 출발하기 전 준비물, 주의사항 등을 살펴보며 **출발 준비**를 합니다.
동생과 함께 가야 하는데 혼자 출발하거나, 제주도까지 배를 타고
가야 하는데 비행기 표를 사면 안 되니까요.

3 목적지까지 가는 길(순서, 노선)을 확인하고, **목적지까지 갑니다.**
혹시라도 중간에 길을 잃어버리거나 길이 막혀 있다고 해서 멈추
면 안 돼요.

4 마지막으로 목적지에 맞게 왔는지 다시 한번 **확인합니다.**

수학 문장제 해결 과정

 문제에서 **구하는 것**이
무엇인지 알아봅니다.

 문제에서 **주어진 것(조건)**이
무엇인지 알아봅니다.

 문제해결 **방법을 생각**한 다음
순서에 따라 **문제를 풉니다.**

 답이 맞는지 **검토**합니다.

위와 같이 4단계 문제해결 과정에 따라 수학 문장제를 푸는 훈련을 하면
문제해결력과 풀이쓰는 방법을 효과적으로 익힐 수 있습니다.

절차학습법

▶4단계 문제해결 과정

❶ 구하는 것을 아는 단계 ·······
❷ 주어진 것을 아는 단계 ·······

❸ 문제를 해결하는 단계 ·······
절차에 따라 문제를 해결하면서
식을 정확하게 쓰는 훈련을 합니다.

❹ 답을 검토하는 단계 ·······

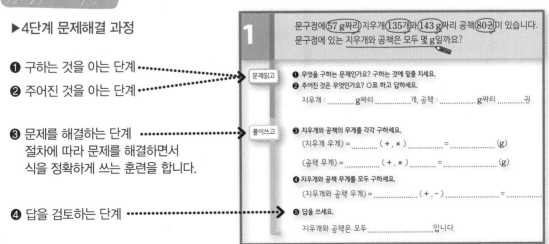

학습관리

학습계획을 세우고, 자기평가를 기록해요.

한 단원 학습에 들어가기 전 공부할 내용을 미리 확인하면서 공부계획을 세워 보세요.

매일 1일 학습, 일주일 3일 학습 등 나의 상황에 맞게, 공부할 양을 스스로 정하고 날짜를 기록합니다.

계획대로 잘 공부했는지 스스로 평가하는 것도 잊지 마세요.

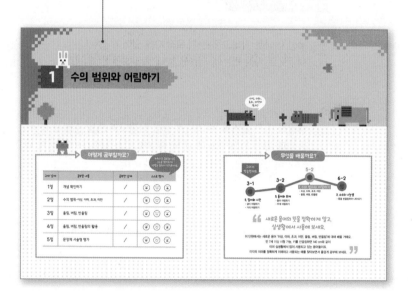

준비학습

기본 개념을 알고 있는지 확인해요.

이 단원의 문장제를 풀기 위해 꼭 알고 있어야 할 핵심 개념을 문제를 통해 확인해 보세요.

교과서와 익힘책에 나오는 가장 기본적인 문제들로 구성되어 있으므로 이 부분이 부족한 학생들은 해당 단원의 교과서와 익힘책을 더 공부하고 본 학습을 시작하는 것이 좋습니다.

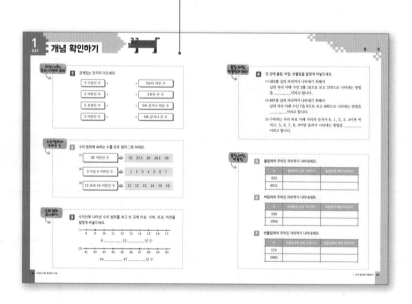

유형훈련

대표 유형을 집중 훈련해요.

같이 풀어요.

문제마다 핵심어에 밑줄을 긋고, 동그라미를 하면서 핵심어독해법을 자연스럽게 익혀 보세요.
또, 풀이에 제시된 순서대로 답을 하면서 절차학습법을 훈련해요.

혼자 풀어요.

앞에서 배운 동일 유형, 동일 난이도의 문제를 스스로 풀어 보세요. 주어진 과정에 따라 풀이를 쓰면서 문제 풀이 뿐 아니라 서술형 답안 작성에 대한 훈련도 동시에 해요.

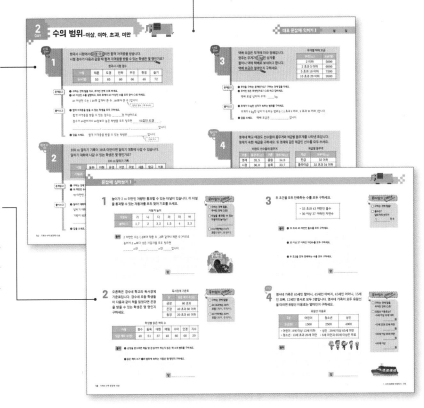

평가

잘 공부했는지 확인해요.

이 단원을 잘 공부했는지 성취도를 평가하며 마무리하는 단계예요.
학교에서 시험을 보는 것처럼 풀이 과정을 정확하게 쓰는 연습을 하면 좋습니다. 정답과 풀이에 있는 [채점 기준]과 비교하여 빠진 부분은 없는지 꼼꼼히 확인해 보세요.

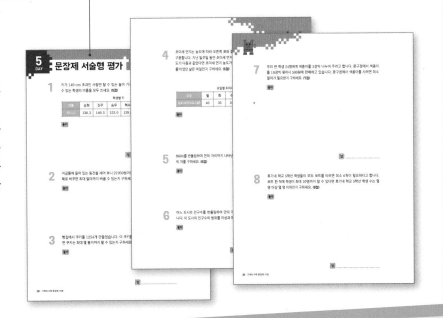

차례

1 수의 범위와 어림하기

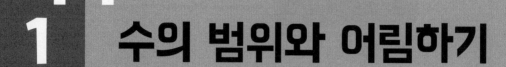

어떻게 공부할까요?

계획대로 공부했나요?
스스로 평가하여
알맞은 표정에 색칠하세요.

교재 날짜	공부할 내용	공부한 날짜	스스로 평가
1일	개념 확인하기	/	😄 🙂 😟
2일	수의 범위-이상, 이하, 초과, 미만	/	😄 🙂 😟
3일	올림, 버림, 반올림	/	😄 🙂 😟
4일	올림, 버림, 반올림의 활용	/	😄 🙂 😟
5일	문장제 서술형 평가	/	😄 🙂 😟

이상, 이하, 초과, 미만이 뭐지?

무엇을 배울까요?

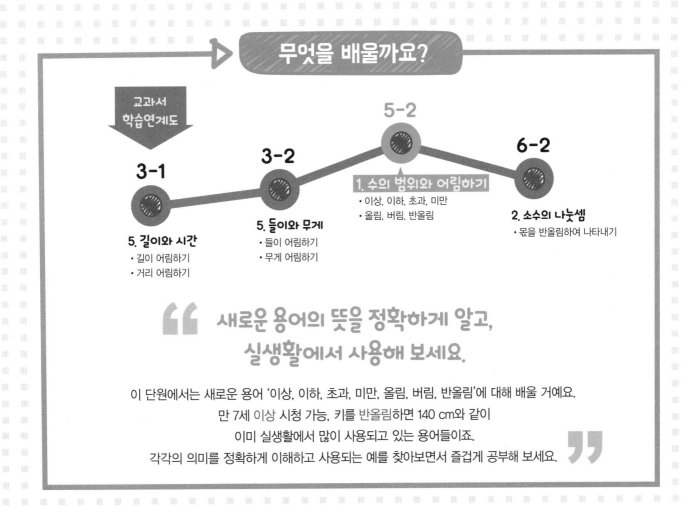

교과서 학습연계도

3-1
5. 길이와 시간
· 길이 어림하기
· 거리 어림하기

3-2
5. 들이와 무게
· 들이 어림하기
· 무게 어림하기

5-2
1. 수의 범위와 어림하기
· 이상, 이하, 초과, 미만
· 올림, 버림, 반올림

6-2
2. 소수의 나눗셈
· 몫을 반올림하여 나타내기

" 새로운 용어의 뜻을 정확하게 알고,
실생활에서 사용해 보세요. "

이 단원에서는 새로운 용어 '이상, 이하, 초과, 미만, 올림, 버림, 반올림'에 대해 배울 거예요.
만 7세 이상 시청 가능, 키를 반올림하면 140 cm와 같이
이미 실생활에서 많이 사용되고 있는 용어들이죠.
각각의 의미를 정확하게 이해하고 사용되는 예를 찾아보면서 즐겁게 공부해 보세요.

개념 확인하기

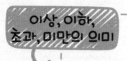

이상, 이하,
초과, 미만의 의미

1 관계있는 것끼리 이으세요.

5 이상인 수	•		•	5보다 작은 수
5 이하인 수	•		•	5보다 큰 수
5 초과인 수	•		•	5와 같거나 작은 수
5 미만인 수	•		•	5와 같거나 큰 수

수의 범위에
속하는 수

2 수의 범위에 속하는 수를 모두 찾아 ○표 하세요.

(1) 28 미만인 수 ➡ 25 27.5 28 28.1 29

(2) 3 이상 6 이하인 수 ➡ 1 2 3 4 5 6 7

(3) 12 초과 14 미만인 수 ➡ 11 12 13 14 15 16

수의 범위
표시하기

3 수직선에 나타낸 수의 범위를 보고 빈 곳에 이상, 이하, 초과, 미만을
알맞게 써넣으세요.

(1)
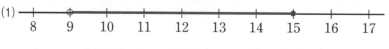

9 .... 15 ....인 수

(2)
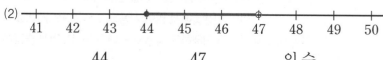

44 .... 47 ....인 수

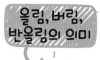
올림, 버림,
반올림의 의미

4 빈 곳에 올림, 버림, 반올림을 알맞게 써넣으세요.

(1) 362를 십의 자리까지 나타내기 위해서
십의 자리 아래 수인 2를 10으로 보고 370으로 나타내는 방법
을 ....이라고 합니다.

(2) 487을 십의 자리까지 나타내기 위해서
십의 자리 아래 수인 7을 0으로 보고 480으로 나타내는 방법을
....................이라고 합니다.

(3) 구하려는 자리 바로 아래 자리의 숫자가 0, 1, 2, 3, 4이면 버
리고, 5, 6, 7, 8, 9이면 올려서 나타내는 방법을 ....
이라고 합니다.

올림, 버림,
반올림

5 올림하여 주어진 자리까지 나타내세요.

수	올림하여 십의 자리까지	올림하여 백의 자리까지
653		
8011		

6 버림하여 주어진 자리까지 나타내세요.

수	버림하여 십의 자리까지	버림하여 백의 자리까지
249		
1904		

7 반올림하여 주어진 자리까지 나타내세요.

수	반올림하여 십의 자리까지	반올림하여 백의 자리까지
174		
5985		

2 DAY 수의 범위 - 이상, 이하, 초과, 미만

대표문제

1

한국사 시험에서 60점 이상이면 합격 자격증을 받습니다.
시험 점수가 다음과 같을 때 합격 자격증을 받을 수 있는 학생은 몇 명인가요?

한국사 시험 점수

이름	태훈	도경	민하	우진	현정	슬기
점수(점)	53	85	60	66	46	72

문제읽고

❶ 구하는 것에 밑줄 치고, 주어진 것에 ○표 하세요.

❷ 60 이상인 수를 설명하고, 위의 표에서 60 이상인 수를 모두 찾아 ○표 하세요.

60 이상인 수는 (**60과 같거나 큰 수** , 60보다 큰 수)입니다.

> 알맞은 말에 ○표 하세요.

풀이쓰고

❸ 합격 자격증을 받을 수 있는 학생을 모두 구하세요.

합격 자격증을 받을 수 있는 점수는 ....점 이상이므로

점수가 60점이거나 60점보다 높은 학생을 모두 찾으면 **85점인 도경** ,

..................., ..., ...입니다.

❹ 답을 쓰세요.   합격 자격증을 받을 수 있는 학생은 ....입니다.

> 단위 쓰기

한번 더 OK

2

100 m 달리기 기록이 18초 미만이면 달리기 대회에 나갈 수 있습니다.
달리기 대회에 나갈 수 있는 학생은 몇 명인가요?

100 m 달리기 기록

이름	동하	아현	유경	지연	주영	세훈	형규	석호
기록(초)	17.0	18.9	18.0	17.8	19.3	20.1	18.3	16.9

문제읽고

❶ 구하는 것에 밑줄 치고, 주어진 것에 ○표 하세요.

❷ 18 미만인 수를 설명하고, 위의 표에서 18 미만인 수를 모두 찾아 ○표 하세요.

18 미만인 수는 (18보다 큰 수 , **18보다 작은 수**)입니다.

풀이쓰고

❸ 달리기 대회에 나갈 수 있는 학생을 모두 구하세요.

달리기 대회에 나갈 수 있는 기록은 18초 (이상 , 이하 , 초과 , **미만**)이므로

기록이 18초보다 빠른 학생을 모두 찾으면

...................입니다.

❹ 답을 쓰세요.   달리기 대회에 나갈 수 있는 학생은 ....입니다.

대표 문제 3

택배 요금은 무게에 따라 정해집니다.
영주는 무게가 ⑤kg인 상자를
할머니 댁에 택배로 보내려고 합니다.
택배 요금은 얼마인지 구하세요.

무게별 택배 요금

무게(kg)	요금(원)
2 이하	5000
2 초과 5 이하	6000
5 초과 10 이하	7500
10 초과 20 이하	9500

문제읽고

❶ 무엇을 구하는 문제인가요? 구하는 것에 밑줄 치세요.

❷ 주어진 것은 무엇인가요? ○표 하고 답하세요.

택배 보낼 상자의 무게 : .... kg

풀이쓰고

❸ 무게가 5 kg인 상자가 속하는 범위를 구하세요.

무게가 5 kg인 상자가 속하는 범위는 (2 초과 5 이하 , **5 초과 10 이하**)입니다.

❹ 답을 쓰세요.   택배 요금은 .... 입니다.

한단계 UP 4

영재네 학교 태권도 선수들의 몸무게와 체급별 몸무게를 나타낸 표입니다.
영재가 속한 체급을 구하세요. 또 영재와 같은 체급인 선수를 모두 쓰세요.

태권도 선수들의 몸무게

이름	몸무게(kg)	이름	몸무게(kg)
영재	35.5	종원	34.0
시경	36.0	승욱	33.7
명준	39.8	필훈	30.6
진성	42.0	형철	34.1
민제	39.0	민성	36.3

체급별 몸무게

체급	몸무게(kg)
핀급	32 이하
플라이급	32 초과 34 이하
밴텀급	34 초과 36 이하
페더급	36 초과 39 이하
라이트급	39 초과

문제읽고

❶ 무엇을 구하는 문제인가요? 구하는 것에 밑줄 치세요.

풀이쓰고

❷ 영재의 몸무게를 찾아 ○표 하고, 영재가 속한 체급을 구하세요.

영재의 몸무게 35.5 kg은 .... 초과 .... 이하에 포함되므로

영재가 속한 체급은 (핀급 , 플라이급 , **밴텀급** , 페더급 , 라이트급)입니다.

❸ 영재와 같은 체급인 선수를 모두 구하세요.

몸무게가 34 kg 초과 36 kg 이하인 선수는 .... 입니다.

❹ 답을 쓰세요.   영재가 속한 체급 : .... , 같은 체급 선수 : ....

1 높이가 2 m 미만인 차량만 통과할 수 있는 터널이 있습니다. 이 터널을 통과할 수 있는 자동차를 모두 찾아 기호를 쓰세요.

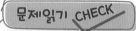

문제읽기 CHECK

☐ 구하는 것에 밑줄,
  주어진 것에 ○표!

☐ 터널을 통과할 수 있는
  자동차의 높이는?

  ....

☐ 2 m 미만에는 2 m가
  포함 (된다 , 안 된다).

자동차 높이

자동차	가	나	다	라	마	바
높이(m)	1.7	2	3.2	1.5	4	2.3

풀이 2 미만인 수는 (**2보다 작은 수** , **2와 같거나 작은 수**)이므로

높이가 2 m보다 낮은 자동차를 모두 찾으면

.... m인 ...., ... m인 .... 입니다.

답 ....

2 오른쪽은 경수네 학교의 독서장제 기준표입니다. 경수네 모둠 학생들이 다음과 같이 책을 읽었다면 은장을 받을 수 있는 학생은 몇 명인지 구하세요.

문제읽기 CHECK

☐ 구하는 것에 밑줄!

☐ 40 초과에는 40이
  포함 (된다 , 안 된다).

☐ 60 이하에는 60이
  포함 (된다 , 안 된다).

독서장제 기준표

상	읽은 책의 수(권)
금장	60 초과
은장	40 초과 60 이하
동장	20 초과 40 이하

학생별 읽은 책의 수

이름	경수	동욱	대현	예림	수아	인경	지수
읽은 책의 수(권)	40	51	37	48	60	68	29

풀이 ❶ 은장을 받으려면 책을 몇 권 읽어야 하는지 읽은 책 수의 범위를 구하세요.

❷ 읽은 책의 수가 ❶의 범위에 속하는 사람은 몇 명인지 구하세요.

답 ....

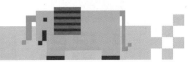

3 두 조건을 모두 만족하는 수를 모두 구하세요.

> • 33 초과 43 미만인 홀수
> • 30 이상 37 이하인 자연수

문제읽기 CHECK

☐ 구하는 것에 밑줄!

☐ 홀수는?
　일의 자리 숫자가
　1,　　　　인 수

 풀이

❶ 33 초과 43 미만인 홀수를 모두 구하세요.

❷ 30 이상 37 이하인 자연수를 모두 구하세요.

❸ 두 조건을 모두 만족하는 수를 모두 구하세요.

 **답** ....

4 영서네 가족은 65세인 할머니, 45세인 아버지, 43세인 어머니, 15세인 오빠, 12세인 영서로 모두 5명입니다. 영서네 가족이 모두 유람선을 타려면 유람선 이용료는 얼마인지 구하세요.

유람선 이용료

구분	어린이	청소년	성인
요금(원)	1500	2500	4000

- 어린이 : 8세 이상 13세 이하
- 청소년 : 13세 초과 20세 미만
- 성인 : 20세 이상 65세 미만
- 8세 미만과 65세 이상은 무료

문제읽기 CHECK

☐ 구하는 것에 밑줄,
　주어진 것에 ○표!

☐ 유람선 이용료는?
　•8세 이상 13세 이하
　　　　　　　원
　•13세 초과 20세 미만
　　　　　　　원
　•20세 이상 65세 미만
　　　　　　　원
　•65세 이상
　　　　　　　원

풀이

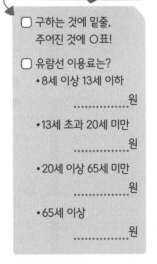

 **답** ....

3 DAY
올림, 버림, 반올림

대표 문제 1

(2019)를
올림하여 천의 자리까지 나타낸 수와 올림하여 십의 자리까지 나타낸 수의 차를
구하세요.

문제읽고

❶ 구하는 것에 밑줄 치고, 주어진 것에 ○표 하세요.

❷ 수를 올림하여 나타내려면 어떻게 해야 하나요?

구하려는 자리의 아래 수를 (**버려서** , **올려서**) 나타냅니다.

풀이쓰고

❸ 올림한 수를 각각 구하세요.

2019를 올림하여 천의 자리까지 나타내면 ....이고,

2019를 올림하여 십의 자리까지 나타내면 ....입니다.

❹ 올림한 두 수의 차를 구하세요.   ⟨알맞은 기호에 ○표 하세요.⟩

(올림한 두 수의 차) = ... (+ , -) .... = ...입니다.

❺ 답을 쓰세요.   두 수의 차는 ....입니다.

한번 더 OK 2

학교에서 지하철역까지의 거리는 1.273 km입니다.
이 거리를 원석이는 반올림하여 소수 둘째 자리까지 나타내었고,
선혜는 반올림하여 소수 첫째 자리까지 나타내었습니다.
두 사람이 나타낸 거리의 차를 구하세요.

문제읽고

❶ 구하는 것에 밑줄 치고, 주어진 것에 ○표 하세요.

❷ 수를 반올림하여 나타내려면 어떻게 해야 하나요?   ⟨알맞은 수에 모두 ○표 하세요.⟩

구하려는 자리 바로 아래 자리의 숫자가 (0 , 1 , 2 , 3 , 4 , 5 , 6 , 7 , 8 , 9)이면 버리고,

(0 , 1 , 2 , 3 , 4 , 5 , 6 , 7 , 8 , 9)이면 올려서 나타냅니다.

풀이쓰고

❸ 두 사람이 나타낸 거리의 차를 구하세요.

원석 : 반올림하여 소수 둘째 자리까지 나타내면

1.273의 소수 셋째 자리 숫자가 ....이므로 (**버림** , **올림**)하여 ➜ .... km

선혜 : 반올림하여 소수 첫째 자리까지 나타내면

1.273의 소수 둘째 자리 숫자가 ....이므로 (**버림** , **올림**)하여 ➜ .... km

➜ (반올림한 두 거리의 차) = ... = ... (km)

❹ 답을 쓰세요.   두 사람이 나타낸 거리의 차는 ....입니다.

대표문제 3

축구장에 입장한 사람 수를
(버림하여 천의 자리까지) 나타내었더니 (42000명)이었습니다.
축구장에 입장한 사람 수는 최대 몇 명인지 구하세요.

문제읽고

❶ 무엇을 구하는 문제인가요? 구하는 것에 밑줄 치세요.

❷ 주어진 것은 무엇인가요? ○표 하고 답하세요.

축구장에 입장한 사람 수 : 버림하여 천의 자리까지 나타내면 ....명

풀이쓰고

❸ 축구장에 입장한 사람 수의 범위를 구하세요.

버림하여 천의 자리까지 나타내면 42000이 되는 자연수는

42■■■이고, ■■■에는 ....부터 ....까지 들어갈 수 있으므로

축구장에 입장한 사람 수는 ....명부터 ....명까지입니다.

❹ 답을 쓰세요.   축구장에 입장한 사람 수는 최대 ....입니다.

한단계 UP 4

어떤 수를 반올림하여 십의 자리까지 나타내었더니 170이 되었습니다.
어떤 수가 될 수 있는 수의 범위를 이상과 미만으로 나타내세요.

문제읽고

❶ 구하는 것에 밑줄 치고, 주어진 것에 ○표 하세요.

❷ '어떤 수를 반올림하여 십의 자리까지 나타내면 170이 됩니다.'를 올림, 버림을 사용하여 다시 쓰세요.

어떤 수의 일의 자리 숫자가

┌─ 5 미만
0, 1, 2, 3, 4이면 (**올림** , **버림**)하여 170이 됩니다.

5, 6, 7, 8, 9이면 (**올림** , **버림**)하여 170이 됩니다.
└─ 5 이상

풀이쓰고

❸ 반올림하여 십의 자리까지 나타내면 170이 되는 수를 구하세요.

| ㉠ 올림 ㉡ 버림 |
160   170   180

올림하여 170이 되는 경우와 버림하여 170이 되는 경우로 나누어 구합니다. ✎
㉠ 16□ → 170   ㉡ 17□ → 170

㉠ 일의 자리 숫자를 올림하여 170이 되는 수

➡ 170과 같거나 작으면서 일의 자리 숫자가 (**5 미만** , **5 이상**)이어야 하므로

................이상입니다.

㉡ 일의 자리 숫자를 버림하여 170이 되는 수

➡ 170과 같거나 크면서 일의 자리 숫자가 (**5 미만** , **5 이상**)이어야 하므로

................미만입니다.

❹ 답을 쓰세요.   어떤 수가 될 수 있는 수의 범위는 ....입니다.

1

지영이의 키는 147.5 cm입니다. 지영이의 키를 버림하여 일의 자리까지 나타낸 수와 올림하여 십의 자리까지 나타낸 수의 차를 구하세요.

문제읽기 CHECK

☐ 구하는 것에 밑줄,
주어진 것에 ○표!

☐ 지영이의 키는?
.... cm

☐ 키를 어림하는 두 가지
방법은?
① 버림하여 ....의
자리까지 나타내기
② 올림하여 ....의
자리까지 나타내기

풀이 147.5 cm를 버림하여 일의 자리까지 나타내면 .... cm이고

147.5 cm를 올림하여 십의 자리까지 나타내면 .... cm입니다.

→ (어림한 두 수의 차) = ... = ... (cm)

답 ....

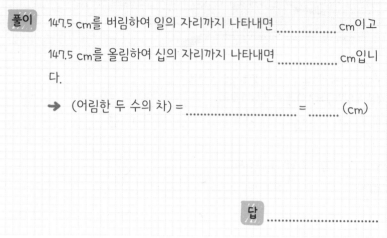

2

승기는 수 카드 4장을 한 번씩만 사용하여 가장 큰 네 자리 수를 만들었습니다. 이 수를 반올림하여 백의 자리까지 나타내세요.

문제읽기 CHECK

☐ 구하는 것에 밑줄,
주어진 것에 ○표!

☐ 수 카드로 만든 수는?
가장 (작은 , 큰) 네 자
리 수

☐ 수를 어림하는 방법은?
(올림 , 버림 , 반올림)하
여 백의 자리까지 나타
내기

 2   4   9   5

풀이 ❶ 수 카드로 만들 수 있는 가장 큰 네 자리 수를 구하세요.

❷ ❶에서 만든 수를 반올림하여 백의 자리까지 나타내세요.

답 ....

3 서준이네 학교 학생 수를 올림하여 십의 자리까지 나타내면 340명입니다. 서준이네 학교 학생 수의 범위를 초과와 이하로 나타내세요.

문제읽기 CHECK

☐ 구하는 것에 밑줄,
　주어진 것에 ○표!

☐ 학생 수를 올림하여 십
　의 자리까지 나타내면?
　············명

풀이

답 ·····································

4 마라톤 대회에 참가하는 사람들에게 기념품을 하나씩 나누어 주려고 합니다. 이 대회에 참가한 사람 수를 반올림하여 백의 자리까지 나타내면 500명입니다. 기념품이 모자라지 않으려면 기념품을 최소 몇 개 준비해야 하는지 구하세요.

문제읽기 CHECK

☐ 구하는 것에 밑줄,
　주어진 것에 ○표!

☐ 참가한 사람 수를 반올
　림하여 백의 자리까지
　나타내면?
　············명

풀이 ❶ 마라톤 대회에 참가한 사람 수의 범위를 구하세요.

❷ 기념품을 최소 몇 개 준비해야 하는지 구하세요.

마라톤 완주

답 ·····················

4 DAY 올림, 버림, 반올림의 활용

대표문제 1

지안이네 과수원에서 귤 ⟨847 kg⟩을 수확했습니다.
이 귤을 한 상자에 ⟨10 kg⟩씩 담아 상자 단위로 팔려고 합니다.
팔 수 있는 귤은 최대 몇 상자인가요?

문제읽고

❶ 구하는 것에 밑줄 치고, 주어진 것에 ○표 하세요.

❷ 올림, 버림, 반올림 중에서 어떤 방법으로 어림하면 좋은가요?

한 상자에 담는 양이 10 kg보다 적으면 팔 수 없으므로 (올림 , **버림** , 반올림)합니다.

풀이쓰고

❸ 팔 수 있는 귤은 최대 몇 상자인지 구하세요.

귤 847 kg을 한 상자에 10 kg씩 담아서 팔아야 하므로

847을 (올림 , **버림** , 반올림)하여 십의 자리까지 나타내면 ....이 됩니다.

따라서 팔 수 있는 귤은 최대 ....상자입니다.

❹ 답을 쓰세요.

팔 수 있는 귤은 최대 ....입니다.

한번 더 OK 2

민수네 학교 5학년 학생 279명이 모두 보트를 타려고 합니다.
보트 한 척에 학생이 최대 10명까지 탈 수 있다면
보트는 최소 몇 척이 필요한가요?

문제읽고

❶ 구하는 것에 밑줄 치고, 주어진 것에 ○표 하세요.

❷ 올림, 버림, 반올림 중에서 어떤 방법으로 어림하면 좋은가요?

남는 학생이 없도록 보트에 모두 타야 하므로 (올림 , 버림 , 반올림)합니다.

풀이쓰고

❸ 보트는 최소 몇 척 필요한지 구하세요.

279명이 보트 한 척에 10명씩 모두 타야 하므로

279를 (올림 , 버림 , 반올림)하여 십의 자리까지 나타내면 ....이 됩니다.

따라서 보트는 최소 ....척이 필요합니다.

❹ 답을 쓰세요.

보트는 최소 ....이 필요합니다.

대표 문제

3

유리네 가족은 지리산 둘레길을 걸었습니다.
어제는 (20.5 km)를 걷고, 오늘은 (12.7 km)를 걸었다면
이틀 동안 걸은 거리는 약 몇 km인지 자연수로 답하세요.

문제읽고

❶ 구하는 것에 밑줄 치고, 주어진 것에 ○표 하세요.

❷ 올림, 버림, 반올림 중에서 어떤 방법으로 어림하면 좋은가요?

　거리의 합을 몇 km에 더 가까운 수로 나타내야 하므로 (올림 , 버림 , **반올림**)합니다.

풀이쓰고

❸ 이틀 동안 걸은 거리를 구하세요.

　(걸은 거리) = ... = ... (km)

❹ ❸에서 구한 거리를 어림하여 나타내세요.

　33.2를 (올림 , 버림 , **반올림**)하여 일의 자리까지 나타내면 ....입니다.

❺ 답을 쓰세요.　이틀 동안 걸은 거리는 약 ....입니다.

한단계 UP

4

마트에서 띠벽지를 1 m 단위로 판매한다고 합니다.
교실 벽을 장식하는 데 띠벽지가 830 cm 필요하다면
띠벽지를 최소 몇 m 사야 하는지 구하세요.

문제읽고

❶ 구하는 것에 밑줄 치고, 주어진 것에 ○표 하세요.

❷ 올림, 버림, 반올림 중에서 어떤 방법으로 어림하면 좋은가요?

　띠벽지가 부족하지 않도록 사야 하므로 (**올림** , 버림 , 반올림)합니다.

풀이쓰고

❸ 띠벽지를 최소 몇 m 사야 하는지 구하세요.

> 단위가 다를 때,
> 가장 먼저 단위를 같게!

　1 m = ... cm이므로 830 cm = ... m입니다.

　8.3을 올림하여 (소수 첫째 , 일 , 십)의 자리까지 나타내면 .... 이므로

　띠벽지를 최소 .... m 사야 합니다.

❹ 답을 쓰세요.　띠벽지를 최소 .... 사야 합니다.

다른 풀이

❸ 과정

❸ 띠벽지를 최소 몇 m 사야 하는지 구하세요.

　1 m = ... cm이므로 띠벽지를 100 cm 단위로 사야 합니다.

　830을 올림하여 (일 , 십 , 백)의 자리까지 나타내면 .... 이므로

　띠벽지를 최소 .... cm = ... m 사야 합니다.

1 케이크를 만드는 데 밀가루가 520 g 필요합니다. 마트에서 밀가루를 100 g 단위로 판다면 밀가루를 최소 몇 g 사야 하는지 구하세요.

> **풀이** 밀가루를 100 g 단위로 판매하므로
>
> 520을 (올림 , 버림 , 반올림)하여 백의 자리까지 나타내면
>
> .... 입니다.
>
> 따라서 밀가루를 최소 .... g 사야 합니다.

답 ....

문제읽기 CHECK

☐ 구하는 것에 밑줄,
　주어진 것에 ○표!

☐ 필요한 밀가루는?
　............. g

☐ 마트에서 판매하는 밀
　가루의 단위는?
　............. g 단위

2 종민이는 18600원짜리 축구공과 4700원짜리 줄넘기를 샀습니다. 축구공과 줄넘기의 값을 1000원짜리 지폐로만 낸다면 1000원짜리 지폐를 최소 몇 장 내야 하는지 구하세요.

> **풀이** ❶ 물건값을 구하세요.
>
>
>
>
>
> ❷ 1000원짜리 지폐를 최소 몇 장 내야 하는지 구하세요.

답 ....

문제읽기 CHECK

☐ 구하는 것에 밑줄,
　주어진 것에 ○표!

☐ 축구공 값은?
　............. 원

☐ 줄넘기 값은?
　............. 원

☐ 내야 하는 지폐의 단위
　는?
　............. 원

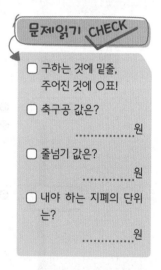

3 올해 쌀을 951 kg 수확했습니다. 이 쌀을 한 봉지에 10 kg씩 담아서 3만 원씩 받고 팔려고 합니다. 쌀을 팔아서 받을 수 있는 돈은 최대 얼마인지 구하세요.

문제읽기 CHECK

☐ 구하는 것에 밑줄, 주어진 것에 ○표!

☐ 수확한 쌀은?
.... kg

☐ 한 봉지에 담는 쌀은?
.... kg

☐ 쌀 한 봉지의 가격은?
........만 원

 ❶ 팔 수 있는 쌀은 최대 몇 봉지인지 구하세요.

❷ 쌀을 팔아서 받을 수 있는 돈은 최대 얼마인지 구하세요.

답 ....

4 선규네 학교 5학년 학생 185명에게 공책을 한 권씩 나누어 주려고 합니다. 문구점, 대형마트, 공장에서 다음과 같이 공책을 판매한다면 세 곳 중에서 공책을 사는 데 필요한 돈이 가장 적은 곳은 어디인가요?

문제읽기 CHECK

☐ 구하는 것에 밑줄, 주어진 것에 ○표!

☐ 문구점에서는?
........권에 ....원

☐ 대형마트에서는?
........권에 ....원

☐ 공장에서는?
........권에 ....원

판매 장소	문구점	대형마트	공장
판매 방법	낱권	10권씩 묶음	100권씩 묶음
묶음당 가격	300원	2500원	24000원

 ❶ 세 곳에서 공책을 사는 데 필요한 최소 비용을 각각 구하세요.

❷ 공책을 사는 데 필요한 돈이 가장 적은 곳을 구하세요.

답 ....

문장제 서술형 평가

1 키가 140 cm 초과인 사람만 탈 수 있는 놀이 기구가 있습니다. 이 놀이 기구를 탈 수 있는 학생의 이름을 모두 쓰세요. **(5점)**

학생별 키

이름	승현	진주	승우	혁수	서윤	동철	주예
키(cm)	138.3	140.5	153.0	139.8	140.0	148.1	135.6

 풀이

 답 ....

2 저금통에 들어 있는 동전을 세어 보니 21950원이었습니다. 이 돈을 1000원짜리 지폐로 바꾸면 최대 얼마까지 바꿀 수 있는지 구하세요. **(5점)**

풀이

답 ....

3 빵집에서 쿠키를 1254개 만들었습니다. 이 쿠키를 한 봉지에 10개씩 담아서 판다면 쿠키는 최대 몇 봉지까지 팔 수 있는지 구하세요. **(5점)**

 풀이

답 ....

4 초미세 먼지는 농도에 따라 오른쪽 표와 같이 구분합니다. 지난 일주일 동안 초미세 먼지 농도가 다음과 같았다면 초미세 먼지 농도가 '보통'이었던 날은 며칠인지 구하세요. **(6점)**

초미세 먼지 기준표

상태	농도(마이크로그램)
좋음	15 이하
보통	16 이상 35 이하
나쁨	36 이상 75 이하
매우 나쁨	76 이상

요일별 초미세 먼지 농도

요일	월	화	수	목	금	토	일
농도(마이크로그램)	40	35	24	15	12	10	16

풀이

답 ....

5 8604를 반올림하여 천의 자리까지 나타낸 수와 버림하여 백의 자리까지 나타낸 수의 차를 구하세요. **(6점)**

풀이

답 ....

6 어느 도시의 인구수를 반올림하여 만의 자리까지 나타내었더니 380000명이었습니다. 이 도시의 인구수의 범위를 이상과 미만으로 나타내세요. **(6점)**

풀이

답 ....

7 우리 반 학생 24명에게 색종이를 3장씩 나누어 주려고 합니다. 문구점에서 색종이를 10장씩 묶어서 500원에 판매하고 있습니다. 문구점에서 색종이를 사려면 최소 얼마가 필요한지 구하세요. **(7점)**

풀이

답 ·······································

8 효기네 학교 5학년 학생들이 모두 보트를 타려면 최소 6척이 필요하다고 합니다. 보트 한 척에 학생이 최대 10명까지 탈 수 있다면 효기네 학교 5학년 학생 수는 몇 명 이상 몇 명 이하인지 구하세요. **(8점)**

풀이

답 ·······································

물속으로 첨벙!

숨은 물건 10개를 찾아 ○표 해 주세요.

쨍쨍! 태양이 뜨겁게 내리쬐는 여름, 수영장에 놀러왔어요.
종일 물장구도 치고, 미끄럼틀도 타요.
더위가 한꺼번에 날아가는 것 같아요!

나뭇잎, 뱀, 불가사리, 빗자루, 소시지 빵, 슬리퍼, 양말, 장갑, 전구, 트리

▶ 쉬어가기 정답은 128쪽에 있습니다.

2 분수의 곱셈

어떻게 공부할까요?

계획대로 공부했나요?
스스로 평가하여
알맞은 표정에 색칠하세요.

교재 날짜	공부할 내용	공부한 날짜	스스로 평가
6일	개념 확인하기	/	😄 🙂 😟
7일	모두 얼마인지 구하기	/	😄 🙂 😟
8일	부분의 양 구하기	/	😄 🙂 😟
9일	남은 부분의 양 구하기	/	😄 🙂 😟
10일	도형 문제	/	😄 🙂 😟
11일	문장제 서술형 평가	/	😄 🙂 😟

무엇을 배울까요?

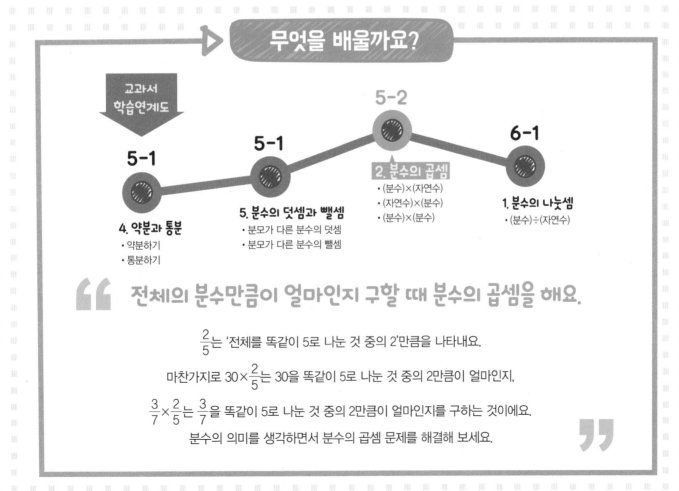

교과서 학습연계도

5-1
4. 약분과 통분
 • 약분하기
 • 통분하기

5-1
5. 분수의 덧셈과 뺄셈
 • 분모가 다른 분수의 덧셈
 • 분모가 다른 분수의 뺄셈

5-2
2. 분수의 곱셈
 • (분수)×(자연수)
 • (자연수)×(분수)
 • (분수)×(분수)

6-1
1. 분수의 나눗셈
 • (분수)÷(자연수)

" 전체의 분수만큼이 얼마인지 구할 때 분수의 곱셈을 해요.

$\frac{2}{5}$는 '전체를 똑같이 5로 나눈 것 중의 2'만큼을 나타내요.

마찬가지로 $30 \times \frac{2}{5}$는 30을 똑같이 5로 나눈 것 중의 2만큼이 얼마인지,

$\frac{3}{7} \times \frac{2}{5}$는 $\frac{3}{7}$을 똑같이 5로 나눈 것 중의 2만큼이 얼마인지를 구하는 것이에요.

분수의 의미를 생각하면서 분수의 곱셈 문제를 해결해 보세요. "

(분수)×(자연수)

1 그림을 보고 $\dfrac{2}{7} \times 3$을 계산해 보세요.

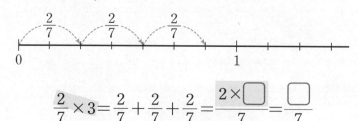

$$\dfrac{2}{7} \times 3 = \dfrac{2}{7} + \dfrac{2}{7} + \dfrac{2}{7} = \dfrac{2 \times \boxed{}}{7} = \dfrac{\boxed{}}{7}$$

2 □ 안에 알맞은 수를 써넣으세요.

(1) $\dfrac{5}{8} \times 6 = \dfrac{\boxed{} \times \boxed{}}{8} = \dfrac{30}{8} = \dfrac{\boxed{}}{4} = \boxed{}\dfrac{\boxed{}}{4}$

> 계산 결과는 기약분수, 대분수로 나타내요.

(2) $2\dfrac{1}{6} \times 4 = \dfrac{\boxed{}}{6} \times 4 = \dfrac{\boxed{}}{3} = \boxed{}\dfrac{\boxed{}}{3}$

가분수로

(자연수)×(분수)

3 □ 안에 알맞은 수를 써넣으세요.

(1) $\boxed{}\!\!15 \times \dfrac{7}{9} = \dfrac{\boxed{} \times 7}{3} = \dfrac{\boxed{}}{3} = \boxed{}\dfrac{\boxed{}}{3}$

(2) $12 \times 1\dfrac{3}{8} = 12 \times \dfrac{\boxed{}}{8} = \dfrac{\boxed{}}{2} = \boxed{}\dfrac{\boxed{}}{2}$

4 계산해 보세요.

(1) $20 \times \dfrac{3}{4}$

(2) $2 \times \dfrac{7}{10}$

(3) $9 \times 2\dfrac{1}{6}$

(4) $4 \times 1\dfrac{1}{14}$

(진분수)×(진분수)

5 $\dfrac{5}{6} \times \dfrac{2}{7}$ 를 두 가지 방법으로 계산해 보세요.

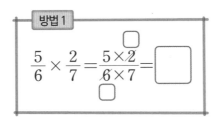

방법 1

$$\dfrac{5}{6} \times \dfrac{2}{7} = \dfrac{5 \times \overset{\square}{2}}{\underset{\square}{6} \times 7} = \boxed{}$$

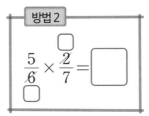

방법 2

$$\dfrac{5}{\underset{\square}{6}} \times \dfrac{\overset{\square}{2}}{7} = \boxed{}$$

6 빈칸에 알맞은 수를 써넣으세요.

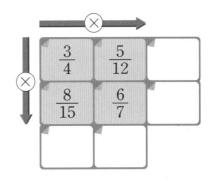

여러 가지
분수의 곱셈

7 계산해 보세요.

(1) $3\dfrac{1}{2} \times 1\dfrac{1}{7}$ (2) $\dfrac{5}{6} \times 2\dfrac{1}{4}$

(3) $4\dfrac{2}{3} \times \dfrac{3}{8}$ (4) $7\dfrac{1}{2} \times 1\dfrac{3}{10}$

8 세 분수의 곱셈을 하세요.

(1) $\dfrac{1}{3} \times \dfrac{5}{6} \times \dfrac{8}{9}$ (2) $\dfrac{2}{5} \times 10 \times \dfrac{1}{4}$

(3) $\dfrac{4}{7} \times 1\dfrac{2}{5} \times 2\dfrac{3}{8}$ (4) $8 \times 1\dfrac{2}{3} \times \dfrac{9}{10}$

모두 얼마인지 구하기

대표문제

1

기린 모양 한 개를 만드는 데 철사가 $\frac{3}{4}$ m 필요합니다.

기린 모양 8개를 만드는 데 필요한 철사는 몇 m인가요?

문제읽고

❶ 무엇을 구하는 문제인가요? 구하는 것에 밑줄 치세요.

❷ 주어진 것은 무엇인가요? ○표 하고 답하세요.

기린 모양 1개를 만드는 데 필요한 철사의 길이 : ☐ m

기린 모양 8개를 만드는 데 필요한 철사의 길이 : ☐ m씩 ☐ 개

▲개씩 ★묶음
→ ▲ × ★

풀이쓰고

❸ 식을 쓰세요.

(필요한 철사의 길이)

= (기린 모양 한 개를 만드는 데 필요한 철사의 길이) (× , ÷) (만들 기린의 수)

= ☐ (× , ÷) ☐ = ☐ (m)

❹ 답을 쓰세요.   기린 모양 8개를 만드는 데 필요한 철사는 ☐ 입니다.

한번더 OK

2

현정이는 어제 밤을 7 kg 주웠고, 오늘은 어제의 $1\frac{2}{3}$ 배만큼 주웠습니다.

오늘 현정이가 주운 밤은 몇 kg인가요?

문제읽고

❶ 무엇을 구하는 문제인가요? 구하는 것에 밑줄 치세요.

❷ 주어진 것은 무엇인가요? ○표 하고 답하세요.

오늘 주운 밤의 양 : 어제 주운 밤의 양 ☐ kg의 ☐ 배

▲의 ★배
→ ▲ × ★

풀이쓰고

❸ 식을 쓰세요.

(오늘 주운 밤) = (어제 주운 밤) (× , ÷) ☐

= ☐ (× , ÷) ☐

가분수로 바꾸어 계산 ▷ = ☐ = ☐ (kg)
대분수

❹ 답을 쓰세요.   오늘 현정이가 주운 밤은 ☐ 입니다.

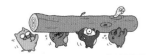

대표 문제 3

통나무 1 m의 무게는 $2\frac{4}{5}$ kg입니다.

아버지께서 의자를 만들려고 이 통나무 $4\frac{2}{7}$ m를 샀습니다.

아버지께서 산 통나무의 무게는 몇 kg인가요?

문제읽고

❶ 무엇을 구하는 문제인가요? 구하는 것에 밑줄 치세요.

❷ 주어진 것은 무엇인가요? ○표 하고 답하세요.

통나무 1 m의 무게 : ＿＿＿＿＿ kg, 산 통나무의 길이 : ＿＿＿＿＿ m

풀이쓰고

❸ 식을 쓰세요.

(산 통나무의 무게) = (통나무 1 m의 무게) (× , ÷) (산 통나무의 길이)

= ＿＿＿＿＿ (× , ÷) ＿＿＿＿＿

= ＿＿＿＿＿＿＿＿＿＿ = ＿＿＿＿ (kg)

❹ 답을 쓰세요.　산 통나무의 무게는 ＿＿＿＿＿＿＿＿＿입니다.

한단계 UP 4

준호는 운동장을 한 바퀴 도는 데 $2\frac{2}{3}$ 분이 걸립니다.

같은 빠르기로 운동장을 $1\frac{1}{5}$ 바퀴 도는 데 걸리는 시간은 몇 분 몇 초인가요?

문제읽고

❶ 구하는 것에 밑줄 치고, 주어진 것에 ○표 하세요.

풀이쓰고

❷ 운동장을 $1\frac{1}{5}$ 바퀴 도는 데 걸리는 시간은 몇 분인지 구하세요.

(걸리는 시간) = (한 바퀴 도는 데 걸리는 시간) (× , ÷) (바퀴 수)

= ＿＿＿＿＿ (× , ÷) ＿＿＿＿＿

= ＿＿＿＿＿＿＿＿＿＿ = ＿＿＿＿ (분)

❸ ❷에서 구한 시간을 몇 분 몇 초로 나타내세요.

$\frac{1}{5}$분 $= \left(60 \times \frac{1}{5}\right)$초 $=$ ＿＿＿ 초이므로 $3\frac{1}{5}$분 $= 3$분 $+ \frac{1}{5}$분 $=$ ＿＿ 분 ＿＿＿ 초입니다.

❹ 답을 쓰세요.　운동장을 $1\frac{1}{5}$ 바퀴 도는 데 걸리는 시간은 ＿＿＿＿＿＿＿＿＿입니다.

1 해나네 반 학생은 모두 17명입니다. 학생 한 명에게 찰흙을 $\frac{1}{2}$ kg씩 나누어 주려면 찰흙은 모두 몇 kg 필요한가요?

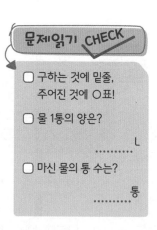

풀이 (필요한 찰흙의 양)

= (한 학생에게 주는 찰흙의 양) (× , ÷) (학생 수)

= ....

= .... (kg)

답 ....

2 물 1통은 $1\frac{1}{5}$ L입니다. 오늘 하루 동안 진수가 이 물을 $1\frac{7}{8}$통 마셨다면 진수가 마신 물은 모두 몇 L인가요?

문제읽기 CHECK
☐ 구하는 것에 밑줄, 주어진 것에 ○표!
☐ 물 1통의 양은?
.... L
☐ 마신 물의 통 수는?
.... 통

풀이

답 ....

3 꽃밭의 넓이는 $3\frac{3}{7}$ m²이고, 텃밭의 넓이는 꽃밭 넓이의 $1\frac{3}{4}$배입니다. 마당의 넓이가 텃밭 넓이의 $2\frac{1}{3}$배일 때 마당의 넓이는 몇 m²인가요?

 ❶ 텃밭의 넓이를 구하세요.

❷ 마당의 넓이를 구하세요.

답 ....

문제읽기 CHECK

☐ 구하는 것에 밑줄,
　주어진 것에 ○표!

☐ 꽃밭의 넓이는?
　　　　　　　　　m²

☐ 텃밭의 넓이는?
　꽃밭 넓이의 　　　배

☐ 마당의 넓이는?
　텃밭 넓이의 　　　배

4 하루에 $\frac{3}{4}$분씩 빨라지는 고장난 시계가 있습니다. 이 시계를 오늘 낮 12시에 정확히 맞추었다면 5일 후 낮 12시에 이 시계가 가리키는 시각은 몇 시 몇 분 몇 초인지 구하세요.

풀이 **❶** 5일 후 낮 12시에 시계는 몇 분 빨라지는지 구하세요.

❷ ❶에서 구한 시간을 몇 분 몇 초로 나타내세요.

❸ 5일 후 낮 12시에 이 시계가 가리키는 시각을 구하세요.

답 ....

문제읽기 CHECK

☐ 구하는 것에 밑줄,
　주어진 것에 ○표!

☐ 고장난 시계가 하루에
　빨라지는 시간은?
　　　　　　　　분

☐ 5일 후에는
　$\frac{3}{4}$분씩 ......번
　빨라진다.

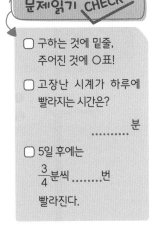

부분의 양 구하기

1

귤 상자에 귤이 ⟨100개⟩ 있었습니다.
그중 $\frac{3}{4}$ 을 먹었다면 먹은 귤은 몇 개인가요?

문제읽고

❶ 무엇을 구하는 문제인가요? 구하는 것에 밑줄 치세요.

❷ 주어진 것은 무엇인가요? ○표 하고 답하세요.

전체 귤 : .... 개

먹은 귤 : 전체의 .... → 100개의 ....

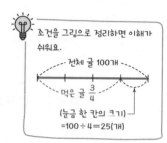

조건을 그림으로 정리하면 이해가
쉬워요.

전체 귤 100개

먹은 귤 $\frac{3}{4}$

(눈금 한 칸의 크기)
=100÷4=25(개)

풀이쓰고

❸ 식을 쓰세요.

(먹은 귤의 수) = (전체 귤의 수) (× , ÷) ....

= .... (× , ÷) .... = ... (개)

❹ 답을 쓰세요.   먹은 귤은 .... 입니다.

2

넓이가 $1\frac{1}{4}$ m²인 포장지의 $\frac{2}{5}$ 를 사용하여 선물을 포장했습니다.
선물을 포장하는 데 사용한 포장지는 몇 m²인가요?

문제읽고

❶ 무엇을 구하는 문제인가요? 구하는 것에 밑줄 치세요.

❷ 주어진 것은 무엇인가요? ○표 하고 답하세요.

전체 포장지의 넓이 : .... m²

사용한 포장지의 넓이 : 전체의 .... → $1\frac{1}{4}$ m²의 ....

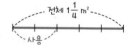

전체 $1\frac{1}{4}$ m²

사용

풀이쓰고

❸ 식을 쓰세요.

(사용한 포장지의 넓이) = (전체 포장지의 넓이) (× , ÷) ....

= .... (× , ÷) ....

가분수로 바꾸어 계산 = ... = ... (m²)

❹ 답을 쓰세요.   사용한 포장지의 넓이는 .... 입니다.

대표문제 3

정호가 가지고 있는 책 중에서
$\frac{1}{2}$은 만화책이고, 만화책의 $\frac{1}{3}$은 학습만화입니다.
학습만화는 전체 책의 몇 분의 몇인지 구하세요.

문제읽고

❶ 무엇을 구하는 문제인가요? 구하는 것에 밑줄 치세요.
❷ 주어진 것은 무엇인가요? ○표 하고 답하세요.

만화책 : 전체 책의 ....

학습만화 : 만화책의 .... ➡ $\frac{1}{2}$의 ....

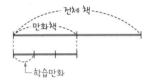

풀이쓰고

❸ 식을 쓰세요.

(학습만화) = (만화책) (× , ÷) ....

= .... (× , ÷) .... = ...

❹ 답을 쓰세요.   학습만화는 전체 책의 .... 입니다.

한단계 UP 4

원규는 하루 24시간 중 $\frac{1}{4}$은 학교에서 생활하고, 그중 $\frac{2}{3}$는 수업을 듣습니다.
원규가 하루에 수업을 듣는 시간은 몇 시간인지 구하세요.

문제읽고

❶ 무엇을 구하는 문제인가요? 구하는 것에 밑줄 치세요.
❷ 주어진 것은 무엇인가요? ○표 하고 답하세요.

학교 생활 : 하루 24시간의 ....

수업 : 학교 생활의 ....

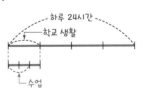

풀이쓰고

❸ 학교에서 수업을 듣는 시간을 구하세요.

(학교에서 생활하는 시간) = ... = ...(시간)

(수업을 듣는 시간) = (학교에서 생활하는 시간) (× , ÷) ....

= .... = ...(시간)

❹ 답을 쓰세요.   원규가 하루에 수업을 듣는 시간은 .... 입니다.

1 민혁이네 과수원의 넓이는 900 m²입니다. 그중 $\frac{8}{9}$ 만큼에 사과나무를 심었습니다. 사과나무를 심은 부분의 넓이는 몇 m²인가요?

풀이 (사과나무를 심은 부분의 넓이) = (과수원의 넓이) × ·············

= ·····························

= ············· (m²)

문제읽기 CHECK

☐ 구하는 것에 밑줄, 주어진 것에 ○표!

☐ 과수원의 넓이는?
············· m²

☐ 사과나무를 심은 부분의 넓이는?
············· m²의 ·············

답 ·······························

2 지희네 집에서 할머니 댁까지의 거리는 18 km입니다. 지희가 할머니 댁까지 가는데 전체 거리의 $\frac{5}{8}$ 만큼 지하철을 타고 갔다면 지희가 지하철을 타고 간 거리는 몇 km 몇 m인가요?

문제읽기 CHECK

☐ 구하는 것에 밑줄, 주어진 것에 ○표!

☐ 지하철을 탄 거리는?
············· km의 ·············

풀이 ❶ 지하철을 타고 간 거리는 몇 km인지 구하세요. .

❷ 지하철을 타고 간 거리를 몇 km 몇 m로 나타내세요.

답 ·······························

3 혁태네 학교 5학년 학생의 $\frac{3}{4}$은 수영을 좋아하고, 그중 $\frac{3}{5}$은 자유형을 좋아합니다. 혁태네 학교 5학년 학생이 120명일 때 수영을 좋아하는 학생 중 자유형을 좋아하는 학생은 몇 명인지 구하세요.

 풀이 ❶ 수영을 좋아하는 학생은 몇 명인지 구하세요.

❷ 수영을 좋아하는 학생 중 자유형을 좋아하는 학생은 몇 명인지 구하세요.

답 ....

문제읽기 CHECK

☐ 구하는 것에 밑줄, 주어진 것에 〇표!

☐ 전체 5학년 학생은?
.... 명

☐ 수영을 좋아하는 학생은?
5학년 학생의 ....

☐ 자유형을 좋아하는 학생은?
수영을 좋아하는 학생의
....

도전!

4 수현이네 집 마당의 $\frac{3}{5}$은 텃밭이고, 텃밭의 $\frac{2}{3}$에 채소를 심었습니다. 심은 채소의 $\frac{5}{7}$가 배추라면 배추를 심은 부분은 전체 마당의 몇 분의 몇인지 구하세요.

풀이 ❶ 채소를 심은 부분은 전체 마당의 얼마인지 구하세요.

❷ 배추를 심은 부분은 전체 마당의 얼마인지 구하세요.

답 ....

문제읽기 CHECK

☐ 구하는 것에 밑줄, 주어진 것에 〇표!

☐ 텃밭은?
마당의 ....

☐ 채소는?
텃밭의 ....

☐ 배추는?
채소의 ....

2. 분수의 곱셈 · **43**

남은 부분의 양 구하기

1

보라네 반 학생은 40명입니다.
그중 $\frac{5}{8}$ 가 남학생이라면 보라네 반 여학생은 몇 명인가요?

문제읽고

❶ 무엇을 구하는 문제인가요? 구하는 것에 밑줄 치세요.
❷ 주어진 것은 무엇인가요? ○표 하고 답하세요.

전체 학생 : .... 명, 남학생 : 전체의 ....

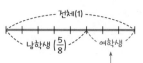

풀이쓰고

❸ 보라네 반 여학생은 전체 학생의 얼마인지 구하세요.

(여학생) = (전체) (+ , −) (남학생)

= 1 (+ , −) .... = ☐

❹ 보라네 반 여학생은 몇 명인지 구하세요.

(여학생 수) = (전체 학생 수) (× , ÷) ☐

= .... = ... (명)

❺ 답을 쓰세요.   보라네 반 여학생은 ....입니다.

2

냉장고에 우유가 $1\frac{3}{7}$ L 있었습니다.
선주가 그중 $\frac{3}{5}$ 만큼 마셨다면 남은 우유는 몇 L인가요?

문제읽고

❶ 무엇을 구하는 문제인가요? 구하는 것에 밑줄 치세요.
❷ 주어진 것은 무엇인가요? ○표 하고 답하세요.

전체 우유 : .... L, 마신 우유 : 전체의 ....

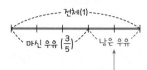

풀이쓰고

❸ 남은 우유는 전체 우유의 얼마인지 구하세요.

(남은 우유) = (전체) (+ , −) (마신 우유)

= .... (+ , −) .... = ☐

❹ 남은 우유는 몇 L인지 구하세요.

(남은 우유의 양) = (전체 우유의 양) (× , ÷) ☐

= .... = ... = ... (L)

가분수로 바꾸어 계산

❺ 답을 쓰세요.   남은 우유는 ....입니다.

대표문제 3

도화지의 $\frac{2}{5}$ 에는 초록색을 칠하고, 나머지의 $\frac{2}{3}$ 에는 노란색을 칠했습니다.
노란색을 칠한 부분은 전체의 몇 분의 몇인가요?

문제읽고

❶ 구하는 것에 밑줄 치고, 주어진 것에 ○표 하세요.

풀이쓰고

❷ 초록색을 칠하고 남은 부분은 전체의 얼마인지 구하세요.

초록색 부분 : 전체의 ....

초록색을 칠하고 남은 부분 : 전체의 1 − .... = ...

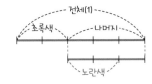

❸ 노란색을 칠한 부분은 전체의 얼마인지 구하세요.

(노란색 부분) = (초록색을 칠하고 남은 부분) (× , ÷) ....

= .... = ...

❹ 답을 쓰세요.   노란색을 칠한 부분은 전체의 .... 입니다.

한단계 UP 4

바구니에 감자와 고구마가 합하여 108개 담겨 있습니다.
이중 $\frac{1}{3}$ 은 감자이고, 나머지는 고구마입니다.
고구마의 $\frac{5}{6}$ 가 호박고구마라면 호박고구마는 몇 개인가요?

문제읽고

❶ 구하는 것에 밑줄 치고, 주어진 것에 ○표 하세요.

풀이쓰고

❷ 호박고구마는 전체의 얼마인지 구하세요.

감자 : 전체의 ....

고구마 : 전체의 .... = ☐

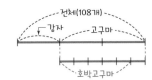

호박고구마 : 고구마의 .... → 전체의 ☐ × .... = ...

❸ 호박고구마는 몇 개인지 구하세요.

(호박고구마의 수) = (바구니에 있는 감자와 고구마의 수) (× , ÷) ....

= .... = ... (개)

❹ 답을 쓰세요.   호박고구마는 .... 입니다.

1 정우는 구슬을 80개 샀습니다. 그중 $\frac{3}{8}$을 동생에게 주었다면 동생에게 주고 남은 구슬은 몇 개인가요?

풀이   남은 구슬 : 전체의 1 (+ , -) ....   =............ ....

→ (남은 구슬의 수) = (전체 구슬의 수)× ....

     = ...

     = ... (개)

문제읽기 CHECK

☐ 구하는 것에 밑줄, 주어진 것에 ○표!

☐ 전체 구슬은? .... 개

☐ 동생에게 준 구슬은? 전체의 ....

답 ....

2 수조에 물이 $3\frac{2}{5}$ L 들어 있었습니다. 이 수조에 물을 2 L 더 부은 다음 그중 $\frac{5}{9}$를 청소하는 데 사용했습니다. 수조에 남은 물은 몇 L인가요?

풀이   ❶ 물을 사용하기 전 수조에 들어 있던 물은 몇 L인지 구하세요.

❷ 수조에 남은 물은 몇 L인지 구하세요.

문제읽기 CHECK

☐ 구하는 것에 밑줄, 주어진 것에 ○표!

☐ 처음 수조에 들어 있던 물은? L

☐ 더 부은 물은? L

☐ 사용한 물은? 전체의 ....

답 ....

3 현태가 가진 장난감 중의 $\frac{4}{9}$는 로봇이고, 나머지는 모두 자동차입니다. 자동차의 $\frac{3}{7}$이 버스라면 버스는 전체 장난감의 몇 분의 몇인지 구하세요.

문제읽기 CHECK

☐ 구하는 것에 밑줄,
　주어진 것에 ○표!

☐ 로봇은?
　　　　장난감의
　　　　　　‥‥‥‥‥

☐ 자동차는?
　　장난감의 1 −
　　　　　　‥‥‥‥‥

☐ 버스는?
　　　　자동차의
　　　　　　‥‥‥‥‥

 ❶ 자동차는 전체 장난감의 얼마인지 구하세요.

❷ 버스는 전체 장난감의 얼마인지 구하세요.

 답 ‥‥‥‥‥‥‥‥‥‥‥‥‥‥‥‥

4 영상이는 전체 96쪽인 동화책을 읽고 있습니다. 어제까지 전체의 $\frac{5}{6}$를 읽었고, 오늘은 어제까지 읽고 남은 나머지의 $\frac{3}{4}$을 읽었습니다. 오늘까지 읽고 남은 동화책은 몇 쪽인가요?

문제읽기 CHECK

☐ 구하는 것에 밑줄,
　주어진 것에 ○표!

☐ 동화책의 전체 쪽수는?
　　　　　　　쪽
　　　　‥‥‥‥‥

☐ 어제까지 읽은 부분은?
　　　　전체의
　　　　　‥‥‥‥‥

☐ 오늘 읽은 부분은?
　　어제까지 읽고 남은
　　부분의
　　　　‥‥‥‥‥

풀이 ❶ 어제까지 읽고 남은 동화책은 전체의 얼마인지 구하세요.

❷ 오늘까지 읽고 남은 부분은 전체의 얼마인지 구하세요.

❸ 오늘까지 읽고 남은 동화책은 몇 쪽인지 구하세요.

답 ‥‥‥‥‥‥‥‥‥‥‥‥‥‥‥‥

도형 문제

대표 문제

1

세 변의 길이가 모두 같은 삼각형

한 변의 길이가 $2\dfrac{1}{6}$ cm인 정삼각형의 둘레는 몇 cm인가요?

문제읽고

❶ 구하는 것에 밑줄 치고, 주어진 것에 ○표 하세요.

❷ 정다각형의 특징과 정다각형의 둘레 구하는 공식을 써 보세요.

정다각형은 .... 의 길이가 모두 같고, ... 의 크기가 모두 같습니다.

(정다각형의 둘레) = (..............................) × (....................)

풀이쓰고

❸ 정삼각형의 둘레를 구하세요.

(정삼각형의 둘레) = (한 변의 길이) (+ , ×) (변의 수)

= ....

식과 계산 과정을 모두 쓰세요.

= .... (cm)

❹ 답을 쓰세요.

정삼각형의 둘레는 .... 입니다.

한번 더 OK

2

한 변의 길이가 $1\dfrac{2}{7}$ cm인 마름모의 둘레는 몇 cm인가요?

문제읽고

❶ 구하는 것에 밑줄 치고, 주어진 것에 ○표 하세요.

❷ 마름모의 특징과 마름모의 둘레 구하는 공식을 써 보세요.

마름모는 .... 가 모두 같은 사각형입니다.

(마름모의 둘레) = (.............................) × ....

풀이쓰고

❸ 마름모의 둘레를 구하세요.

(마름모의 둘레) = (한 변의 길이) (× , ÷) ....

= ....

= .... (cm)

❹ 답을 쓰세요.

마름모의 둘레는 .... 입니다.

3 가로가 $8\frac{1}{3}$ m, 세로가 $24\frac{3}{5}$ m인 직사각형 모양의 수영장이 있습니다.
수영장의 넓이는 몇 m²인가요?

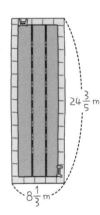

24$\frac{3}{5}$ m

$8\frac{1}{3}$ m

문제읽고

❶ 구하는 것에 밑줄 치고, 주어진 것에 ○표 하세요.
❷ 직사각형의 넓이 구하는 공식을 써 보세요.

(직사각형의 넓이) = (.................) × (...............)

풀이쓰고

❸ 수영장의 넓이를 구하세요.

(수영장의 넓이) = (가로) (+ , ×) (세로)

= ....

= .... (m²)

❹ 답을 쓰세요.

수영장의 넓이는 ....입니다.

4 한 변의 길이가 $2\frac{3}{4}$ m인 정사각형 모양의 게시판이 있습니다.

이 게시판의 $\frac{6}{11}$에 그림을 그렸다면 그림을 그린 부분의 넓이는 몇 m²인가요?

문제읽고

❶ 구하는 것에 밑줄 치고, 주어진 것에 ○표 하세요.
❷ 정사각형의 넓이 구하는 공식을 써 보세요.

(정사각형의 넓이) = (...........................) × (...........................)

풀이쓰고

❸ 그림을 그린 부분의 넓이를 구하세요.

(그림을 그린 부분의 넓이) = (게시판의 넓이) × ....

= (한 변의 길이) × (한 변의 길이) × ....

= ....

= .... (m²)

❹ 답을 쓰세요.

그림을 그린 부분의 넓이는 ....입니다.

1 한 변의 길이가 $2\frac{5}{8}$ cm인 정육각형의 둘레는 몇 cm인가요?

문제읽기 CHECK

☐ 구하는 것에 밑줄,
　주어진 것에 ○표!

☐ 정육각형의 한 변의 길이
　는?
　⋯⋯⋯⋯ cm

☐ 정육각형의 변의 수는?
　⋯⋯⋯⋯ 개

풀이　(정육각형의 둘레) = (한 변의 길이) × ⋯⋯⋯

　　　　　　　 = ⋯⋯⋯⋯⋯⋯⋯⋯⋯⋯⋯⋯⋯

　　　　　　　 = ⋯⋯⋯⋯ （cm）

답 ⋯⋯⋯⋯⋯⋯⋯⋯⋯⋯⋯

2 밑변의 길이가 $4\frac{1}{6}$ cm이고, 높이가 $3\frac{3}{5}$ cm인 평행사변형이 있습니다. 이 평행사변형의 넓이는 몇 cm²인가요?

문제읽기 CHECK

☐ 구하는 것에 밑줄,
　주어진 것에 ○표!

☐ 평행사변형의 밑변의 길
　이는?
　⋯⋯⋯⋯ cm

☐ 평행사변형의 높이는?
　⋯⋯⋯⋯ cm

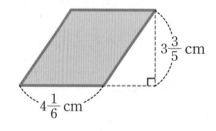

$3\frac{3}{5}$ cm

$4\frac{1}{6}$ cm

풀이

답 ⋯⋯⋯⋯⋯⋯⋯⋯⋯⋯⋯

3 한 변의 길이가 $3\frac{1}{3}$ m인 정사각형 모양의 땅을 오른쪽 그림과 같이 똑같이 네 부분으로 나누었습니다. 색칠한 부분의 넓이는 몇 m²인가요?

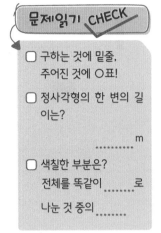

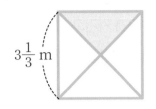

문제읽기 CHECK

☐ 구하는 것에 밑줄, 주어진 것에 ○표!

☐ 정사각형의 한 변의 길이는?
　　　　　　　　m

☐ 색칠한 부분은?
　전체를 똑같이 ⎽⎽⎽로
　나눈 것 중의 ⎽⎽⎽

 풀이　❶ 색칠한 부분은 전체의 얼마인지 분수로 나타내세요.

❷ 색칠한 부분의 넓이를 구하세요.

답 ....

도전!

4 정사각형 ㉮와 직사각형 ㉯가 있습니다. ㉮와 ㉯ 중에서 어느 것이 더 넓은지 구하세요.

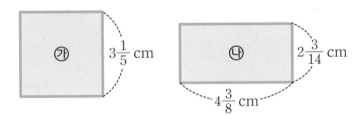

문제읽기 CHECK

☐ 구하는 것에 밑줄, 주어진 것에 ○표!

☐ 정사각형 ㉮의 한 변의 길이는?
　　　　　　　cm

☐ 직사각형 ㉯의 가로와 세로는?
　가로 : ⎽⎽⎽ cm
　세로 : ⎽⎽⎽ cm

풀이　❶ 정사각형 ㉮와 직사각형 ㉯의 넓이를 각각 구하세요.

❷ ㉮와 ㉯ 중에서 어느 것이 더 넓은지 구하세요.

답 ....

문장제 서술형 평가

1 나윤이는 사탕을 12개 가지고 있고, 오빠는 나윤이가 가진 사탕의 $2\frac{3}{4}$배만큼 가지고 있습니다. 오빠는 사탕을 몇 개 가지고 있는지 구하세요. **(5점)**

 풀이

 답

2 냉장고에 주스가 $1\frac{2}{7}$ L 있었습니다. 새롬이가 냉장고에 있던 주스의 $\frac{1}{3}$만큼 마셨다면 새롬이가 마신 주스는 몇 L인지 구하세요. **(5점)**

 풀이

 답

3 난로에 기름이 $15\frac{1}{4}$ L 들어 있었습니다. 하루 동안 들어 있던 기름의 $\frac{1}{5}$을 사용했다면 남은 기름은 몇 L인지 구하세요. **(6점)**

 풀이

답

4 가로가 $3\frac{3}{5}$ m이고 세로가 $2\frac{2}{5}$ m인 직사각형 모양의 천이 있습니다. 이 천의 $\frac{5}{9}$ 만큼을 잘라서 사용했다면 사용한 천의 넓이는 몇 m²인지 구하세요. **(6점)**

풀이

답

5 하진이가 자전거로 1 km를 가는 데 $5\frac{1}{4}$ 분이 걸립니다. 같은 빠르기로 $\frac{2}{3}$ km를 가는 데 걸리는 시간은 몇 분 몇 초인지 구하세요. **(6점)**

풀이

답

6 어떤 수에 $4\frac{1}{6}$ 을 곱해야 할 것을 잘못하여 더했더니 $6\frac{13}{15}$ 이 되었습니다. 바르게 계산하면 얼마인지 구하세요. **(6점)**

풀이

답

7 지연이네 반 학생 중 $\frac{1}{2}$은 남학생이고, 그중 $\frac{1}{3}$은 운동을 좋아합니다. 운동을 좋아하는 남학생 중 $\frac{1}{4}$은 달리기를 좋아한다면 달리기를 좋아하는 남학생은 전체의 몇 분의 몇인지 구하세요. **(8점)**

풀이

답 ....

8 윤호는 색종이를 90장 샀습니다. 그중 $\frac{3}{5}$을 어제 사용하고, 오늘 남은 색종이의 $\frac{1}{3}$을 사용했습니다. 오늘 사용한 색종이는 몇 장인지 구하세요. **(8점)**

풀이

답 ....

공주님을 만나러 가요

길을 찾아 선으로 이어 주세요.

성의 맨 꼭대기에는 공주님이 살고 있어요.
저런, 공주님을 만나러 가고 싶은데 병사들이 지키고 있네요!
A, B, C 중 어디에서 출발해야 공주님을 만날 수 있을까요?

▶ 쉬어가기 정답은 128쪽에 있습니다.

3 합동과 대칭

어떻게 공부할까요?

계획대로 공부했나요?
스스로 평가하여
알맞은 표정에 색칠하세요.

교재 날짜	공부할 내용	공부한 날짜	스스로 평가
12일	개념 확인하기	/	😄 🙂 😦
13일	합동인 도형의 성질	/	😄 🙂 😦
14일	선대칭도형, 점대칭도형의 성질	/	😄 🙂 😦
15일	문장제 서술형 평가	/	😄 🙂 😦

완전히 겹치는 도형을 알아볼까?

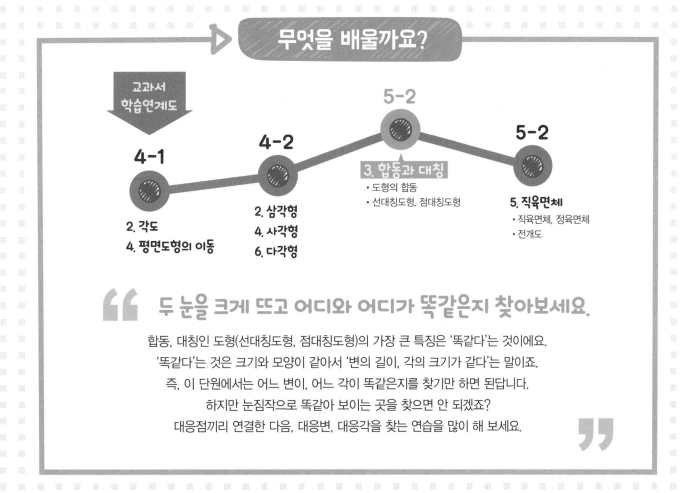

무엇을 배울까요?

교과서
학습연계도

4-1
2. 각도
4. 평면도형의 이동

4-2
2. 삼각형
4. 사각형
6. 다각형

5-2
3. 합동과 대칭
• 도형의 합동
• 선대칭도형, 점대칭도형

5-2
5. 직육면체
• 직육면체, 정육면체
• 전개도

두 눈을 크게 뜨고 어디와 어디가 똑같은지 찾아보세요.

합동, 대칭인 도형(선대칭도형, 점대칭도형)의 가장 큰 특징은 '똑같다'는 것이에요.
'똑같다'는 것은 크기와 모양이 같아서 '변의 길이, 각의 크기가 같다'는 말이죠.
즉, 이 단원에서는 어느 변이, 어느 각이 똑같은지를 찾기만 하면 된답니다.
하지만 눈짐작으로 똑같아 보이는 곳을 찾으면 안 되겠죠?
대응점끼리 연결한 다음, 대응변, 대응각을 찾는 연습을 많이 해 보세요.

도형의 합동

1 서로 합동인 도형을 찾아보세요.

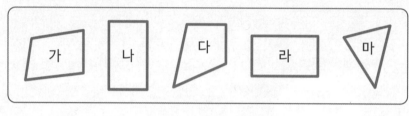

.............와 ....

합동인 도형의 성질

2 두 사각형은 서로 합동입니다. 대응점, 대응변, 대응각을 쓰세요.

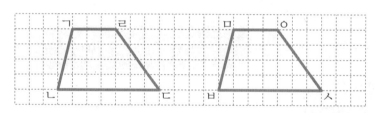

대응점	대응변	대응각
점 ㄱ ➡ 점	변 ㄱㄴ ➡ 변	각 ㄱㄴㄷ ➡ 각 ....
점 ㅅ ➡ 점	변 ㅂㅅ ➡ 변	각 ㅇㅅㅂ ➡ 각 ....

3 두 삼각형은 서로 합동입니다. 물음에 답하세요.

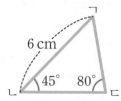

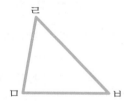

(1) 변 ㄹㅂ은 몇 cm인가요?

....

(2) 각 ㄹㅂㅁ은 몇 도인가요?

....

선대칭도형과 점대칭도형

4 도형을 보고 물음에 답하세요.

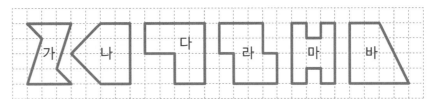

(1) 선대칭도형을 모두 찾아 쓰세요.

....

(2) 점대칭도형을 모두 찾아 쓰세요.

....

선대칭도형과 그 성질

5 직선 ㄱㄴ을 대칭축으로 하는 선대칭도형입니다. □ 안에 알맞은 수를 써넣으세요.

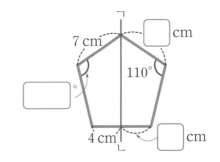

점대칭도형과 그 성질

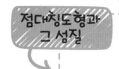

6 점 ㅇ을 대칭의 중심으로 하는 점대칭도형입니다. 물음에 답하세요.

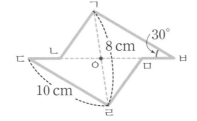

(1) 변 ㄱㅂ은 몇 cm인가요?

....

(2) 각 ㄴㄷㄹ은 몇 도인가요?

....

(3) 선분 ㄱㅇ은 몇 cm인가요?

....

합동인 도형의 성질

대표 문제

1

두 사각형은 서로 합동입니다.
사각형 ㅁㅂㅅㅇ의 둘레를
구하세요.

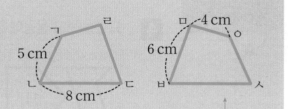

문제읽고

❶ 무엇을 구하는 문제인가요? 구하는 것에 밑줄 치세요.

❷ 사각형 ㅁㅂㅅㅇ의 둘레를 구하려면 어떻게 해야 하나요?

  사각형 ㅁㅂㅅㅇ의 네 변의 길이를 모두 (**더합니다** , **곱합니다**).

💡 구한 길이를 그림에 표시 하면 알아보기 쉬워요.

풀이쓰고

❸ 변 ㅂㅅ, 변 ㅇㅅ의 길이를 각각 구하세요.

  서로 합동인 두 사각형은 대응변의 길이가 (**같으므로** , **다르므로**)

  (변 ㅂㅅ) = (변 [ㄷㄴ]) = ... cm, (변 ㅇㅅ) = (변 ....) = ... cm
         대응변

❹ 사각형 ㅁㅂㅅㅇ의 둘레를 구하세요.

  (사각형 ㅁㅂㅅㅇ의 둘레) = (변 ㅁㅂ)+(변 ㅂㅅ)+(변 ㅅㅇ)+(변 ㅇㅁ)

  = ... = ... (cm)

❺ 답을 쓰세요. 사각형 ㅁㅂㅅㅇ의 둘레는 .... 입니다.

한번 더 OK

2

두 삼각형은 서로 합동입니다.
삼각형 ㄹㅁㅂ의 둘레가 37 cm일 때,
변 ㄱㄴ은 몇 cm인가요?

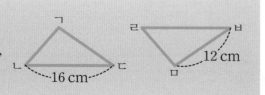

문제읽고

❶ 구하는 것에 밑줄 치고, 주어진 것에 ○표 하세요.

풀이쓰고

❷ 변 ㄱㄷ의 길이와 삼각형 ㄱㄴㄷ의 둘레를 각각 구하세요.

  서로 합동인 두 삼각형은 ....의 길이가 같으므로

  (변 ㄱㄷ) = (변 ....) = ... cm이고,

  (삼각형 ㄱㄴㄷ의 둘레) = (삼각형 ㄹㅁㅂ의 둘레) = ... cm입니다.

❸ 변 ㄱㄴ의 길이를 구하세요.

  (변 ㄱㄴ) = (삼각형 ㄱㄴㄷ의 둘레)−(변 ㄴㄷ)−(변 ㄱㄷ)

  = ... = ... (cm)

❹ 답을 쓰세요. 변 ㄱㄴ은 .... 입니다.

3

두 사각형은 서로 합동입니다.
각 ㅁㅂㅅ은 몇 도인가요?

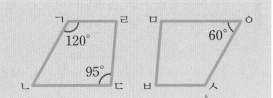

문제읽고

❶ 무엇을 구하는 문제인가요? 구하는 것에 밑줄 치고, 그림에서 각 ㅁㅂㅅ을 찾아보세요.
❷ 사각형의 네 각의 크기의 합은 몇 도인가요? ....˚

그림에 표시!

풀이쓰고

❸ 각 ㅇㅁㅂ, 각 ㅂㅅㅇ의 크기를 각각 구하세요.

서로 합동인 두 사각형은 대응각의 크기가 (**같으므로** , 다르므로)

(각 ㅇㅁㅂ) = (각 ....) = ...˚, (각 ㅂㅅㅇ) = (각 ....) = ...˚
　　　　　　　　대응각

❹ 각 ㅁㅂㅅ의 크기를 구하세요.

사각형 ㅁㅂㅅㅇ에서

(각 ㅁㅂㅅ) = (사각형의 네 각의 크기의 합) − (각 ㅇㅁㅂ) − (각 ㅁㅇㅅ) − (각 ㅂㅅㅇ)

= .... = ...˚

❺ 답을 쓰세요.   각 ㅁㅂㅅ은 ....입니다.

4

삼각형 ㄱㄴㄷ과 삼각형 ㄹㄴㄷ은
서로 합동입니다.
각 ㄹㄴㄷ은 몇 도인가요?

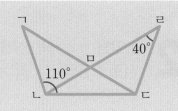

문제읽고

❶ 무엇을 구하는 문제인가요? 구하는 것에 밑줄 치고, 그림에서 각 ㄹㄴㄷ을 찾아보세요.
❷ 삼각형의 세 각의 크기의 합은 몇 도인가요? ....˚

풀이쓰고

❸ 각 ㄹㄷㄴ의 크기를 구하세요.

서로 합동인 두 삼각형은 .... 의 크기가 같으므로

(각 ㄹㄷㄴ) = (각 ....) = ...˚

❹ 각 ㄹㄴㄷ의 크기를 구하세요.

삼각형 ㄹㄴㄷ에서

(각 ㄹㄴㄷ) = (삼각형의 세 각의 크기의 합) − (각 ㄴㄹㄷ) − (각 ㄹㄷㄴ)

= .... = ...˚

❺ 답을 쓰세요.   각 ㄹㄴㄷ은 ....입니다.

1 두 사각형은 서로 합동입니다. 사각형 ㄱㄴㄷㄹ의 둘레가 28 cm일 때, 변 ㅁㅇ은 몇 cm인가요?

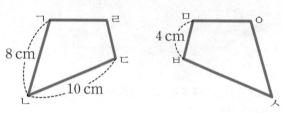

문제읽기 CHECK

☐ 구하는 것에 밑줄, 그림에서 변 ㅁㅇ 찾기, 주어진 것에 ○표!

☐ 사각형 ㄱㄴㄷㄹ의 둘레는?
.... cm

☐ 주어진 변은?
(변 ㄱㄴ) = ... cm
(변 ㄴㄷ) = ... cm
(변 ㅁㅂ) = ... cm

풀이 서로 합동인 두 사각형은 ....의 길이가 같으므로

(변 ㅂㅅ) = (변 ....) = ... cm

(변 ㅅㅇ) = (변 ....) = ... cm

(사각형 ㅁㅂㅅㅇ의 둘레) = (사각형 ㄱㄴㄷㄹ의 둘레) = ... cm

→ (변 ㅁㅇ)

= (사각형 ㅁㅂㅅㅇ의 둘레)−(변 ㅁㅂ)−(변 ㅂㅅ)−(변 ㅅㅇ)

= .... = ... (cm)

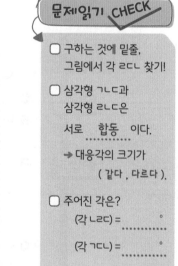

답 ....

2 삼각형 ㄱㄴㄷ과 삼각형 ㄹㄴㄷ은 서로 합동입니다. 각 ㄹㄷㄴ은 몇 도인가요?

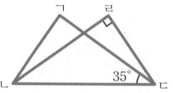

문제읽기 CHECK

☐ 구하는 것에 밑줄, 그림에서 각 ㄹㄷㄴ 찾기!

☐ 삼각형 ㄱㄴㄷ과 삼각형 ㄹㄴㄷ은 서로 합동 이다.
→ 대응각의 크기가 (같다 , 다르다).

☐ 주어진 각은?
(각 ㄴㄹㄷ) = ... °
(각 ㄱㄷㄴ) = ... °

풀이 ❶ 각 ㄹㄴㄷ의 크기를 구하세요.

❷ 각 ㄹㄷㄴ의 크기를 구하세요.

답 ....

3 직사각형 모양의 종이 ㄱㄴㄷㄹ을 선분 ㅁㅂ을 중심으로 접었습니다. ㉠의 크기를 구하세요.

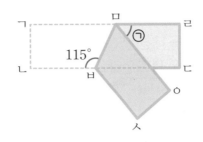

문제읽기 CHECK

☐ 구하는 것에 밑줄, 주어진 것에 ○표!

☐ '종이를 접었다'는 말은?
→ 접힌 부분의 모양과 크기가 똑같다.
→ 사각형 ㄱㄴㅂㅁ과 사각형 ㅁㅂㅅㅇ이 서로 .... 이다.

☐ 직사각형은?
네 각이 모두 ....° 인 사각형

☐ 각 ㄴㅂㅁ은?
........°

풀이

❶ 각 ㄱㅁㅂ의 크기를 구하세요.

❷ 각 ㅇㅁㅂ의 크기를 구하세요.

❸ ㉠의 크기를 구하세요.

답 ....

4 삼각형 ㄱㄴㄷ과 삼각형 ㄹㅁㄷ은 서로 합동입니다. 선분 ㄱㅁ은 몇 cm인가요?

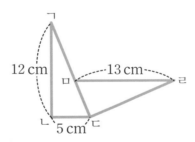

문제읽기 CHECK

☐ 구하는 것에 밑줄, 그림에서 선분 ㄱㅁ 찾기!

☐ 선분 ㄱㅁ의 길이를 구하려면?
(변 ㄱㄷ)-(변 ....)

☐ 주어진 변은?
(변 ㄱㄴ) = ... cm
(변 ㄴㄷ) = ... cm
(변 ㄹㅁ) = ... cm

풀이

답 ....

14 DAY 선대칭도형, 점대칭도형의 성질

대표 문제 1

직선 ㅁㅂ을 대칭축으로 하는 선대칭도형입니다.
각 ㄴㄹㄱ은 몇 도인가요?

> 한 직선을 따라 접었을 때 완전히 겹치는 도형

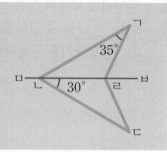

문제읽고

❶ 무엇을 구하는 문제인가요? 구하는 것에 밑줄 치고, 그림에서 각 ㄴㄹㄱ을 찾아보세요.

풀이쓰고

❷ 각 ㄱㄴㄹ의 크기를 구하세요.

선대칭도형은 대칭축을 따라 접었을 때 완전히 겹치므로

(각 ㄱㄴㄹ) = (각 ....) = ...°
　　　　　　　　　　대응각

❸ 각 ㄴㄹㄱ의 크기를 구하세요.

삼각형 ㄱㄴㄹ에서

(각 ㄴㄹㄱ) = (삼각형의 세 각의 크기의 합) − (각 ㄴㄱㄹ) − (각 ㄱㄴㄹ)

= .... = ...°

❹ 답을 쓰세요.　각 ㄴㄹㄱ은 ....입니다.

한번 더 OK 2

점 ㅇ을 대칭의 중심으로 하는 점대칭도형입니다.
각 ㄴㄷㅂ은 몇 도인가요?

> 한 도형을 어떤 점을 중심으로 180° 돌렸을 때 처음 도형과 완전히 겹치는 도형

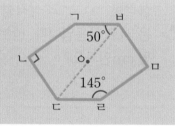

문제읽고

❶ 무엇을 구하는 문제인가요? 구하는 것에 밑줄 치고, 그림에서 각 ㄴㄷㅂ을 찾아보세요.

풀이쓰고

❷ 각 ㄴㄱㅂ의 크기를 구하세요.

점대칭도형은 대응각의 크기가 같으므로 (각 ㄴㄱㅂ) = (각 ....) = ...°

❸ 각 ㄴㄷㅂ의 크기를 구하세요.

사각형 ㄱㄴㄷㅂ에서

(각 ㄴㄷㅂ) = (사각형의 네 각의 크기의 합) − (각 ㄱㄴㄷ) − (각 ㅂㄱㄴ) − (각 ㄱㅂㄷ)

= .... = ...°

❹ 답을 쓰세요.　각 ㄴㄷㅂ은 ....입니다.

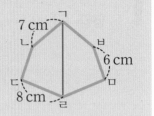

대표문제 3

선분 ㄱㄹ을 대칭축으로 하는 선대칭도형입니다.
이 도형의 둘레를 구하세요.

문제읽고

❶ 무엇을 구하는 문제인가요? 구하는 것에 밑줄 치세요.

풀이쓰고

❷ 도형의 각 변의 길이를 구하세요.

선대칭도형은 대응변의 길이가 같으므로 (변 ㄱㅂ) = (변 ....) = ... cm,

(변 ㄴㄷ) = (변 ....) = ... cm, (변 ㄹㅁ) = (변 ....) = ... cm

❸ 도형의 둘레를 구하세요.

(둘레) = (변 ㄱㄴ)+(변 ㄴㄷ)+(변 ㄷㄹ)+(변 ㄹㅁ)+(변 ㅁㅂ)+(변 ㅂㄱ)

= .... = ... (cm)

❹ 답을 쓰세요.　　도형의 둘레는 .... 입니다.

한단계 UP 4

점 ㅇ을 대칭의 중심으로 하는
점대칭도형입니다.
이 도형의 둘레를 구하세요.

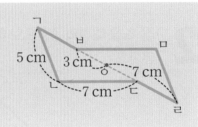

문제읽고

❶ 무엇을 구하는 문제인가요? 구하는 것에 밑줄 치세요.

풀이쓰고

❷ 변 ㄷㄹ의 길이를 구하세요.

점대칭도형의 대칭의 중심은 대응점끼리 이은 선분을 둘로 똑같이 나누므로

(선분 ㅇㄷ) = (선분 ....) = ... cm

(변 ㄷㄹ) = (선분 ㅇㄹ)−(선분 ㅇㄷ)

= .... = ... (cm)

❸ 도형의 둘레를 구하세요.

(둘레) = ((변 ㄱㄴ)+(변 ㄴㄷ)+(변 ㄷㄹ))× ....

= (....... + ... + ...)× .... = ... (cm)

❹ 답을 쓰세요.　　도형의 둘레는 .... 입니다.

> 길이가 같은 변이 2개씩 있으므로
> (둘레)
> = (모든 변의 길이의 합)
> = (한쪽 변의 길이의 합)×2
> = ((변 ㄱㄴ)+(변 ㄴㄷ)+(변 ㄷㄹ))×2
> 를 하면 더 편해요.

1 직선 ㅅㅇ을 대칭축으로 하는 선대칭도형입니다. 각 ㄱㄴㄷ은 몇 도인가요?

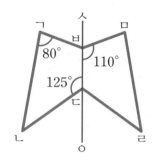

문제읽기 CHECK

☐ 구하는 것에 밑줄,
　그림에서 각 ㄱㄴㄷ 찾기!

☐ 도형은?
　　　　선대칭도형

☐ 주어진 각은?
　(각 ㅂㄱㄴ) = 　　　°
　(각 ㄴㄷㅂ) = 　　　°
　(각 ㅁㅂㄷ) = 　　　°

풀이 선대칭도형은 대칭축을 따라 접었을 때 완전히 겹치므로

(각 ㄱㅂㄷ) = (각 ....) = ... °

사각형 ㄱㄴㄷㅂ에서

(각 ㄱㄴㄷ)

= (사각형의 네 각의 크기의 합) − (각 ㅂㄱㄴ) − (각 ㄴㄷㅂ)

　− (각 ㄱㅂㄷ)

= .... = ... °

답 ....

2 점 ㅇ을 대칭의 중심으로 하는 점대칭도형입니다. 각 ㄱㄷㄹ은 몇 도인가요?

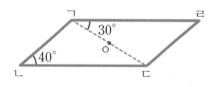

문제읽기 CHECK

☐ 구하는 것에 밑줄,
　그림에서 각 ㄱㄷㄹ 찾기!

☐ 도형은?
　　............

☐ 주어진 각은?
　(각 ㄹㄱㄷ) = 　　　°
　(각 ㄱㄴㄷ) = 　　　°

풀이 ❶ 각 ㄱㄹㄷ의 크기를 구하세요.

❷ 각 ㄱㄷㄹ의 크기를 구하세요.

답 ....

3 직선 ㅁㅂ을 대칭축으로 하는 선 대칭도형입니다. 이 도형의 둘레가 40 cm라면 변 ㄱㄹ은 몇 cm 인가요?

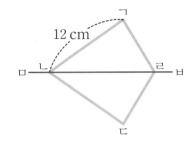

문제읽기 CHECK

☐ 구하는 것에 밑줄, 그림에서 변 ㄱㄹ 찾기!

☐ 도형은?

    ....

☐ 도형의 둘레는?

    .... cm

☐ 변 ㄱㄴ은?

    .... cm

풀이

답 ....

도전!

4 점 ㅇ을 대칭의 중심으로 하는 점대칭도형의 일부분입니다. 점대칭도형을 완성했을 때, 점 대칭도형의 둘레를 구하세요.

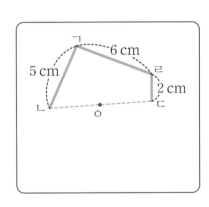

문제읽기 CHECK

☐ 구하는 것에 밑줄, 주어진 것에 ○표!

☐ 도형은?

    ....

☐ 주어진 변은?
    (변 ㄱㄴ) = ... cm
    (변 ㄱㄹ) = ... cm
    (변 ㄹㄷ) = ... cm

풀이 ❶ 점대칭도형을 완성하세요.

❷ 완성한 점대칭도형의 둘레를 구하세요.

답 ....

문장제 서술형 평가

1 두 사각형은 서로 합동입니다. 각 ㅁㅇㅅ은 몇 도인가요? **(5점)**

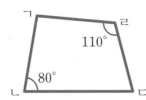
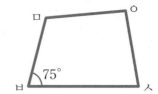

> 풀이

> 답 ....

2 선분 ㄱㄹ을 대칭축으로 하는 선대칭도형입니다. 삼각형 ㄱㄴㄷ의 둘레를 구하세요. **(5점)**

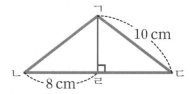

> 풀이

> 답 ....

3 점 ㅇ을 대칭의 중심으로 하는 점대칭도형입니다. 각 ㄱㄴㄷ은 몇 도인가요? **(5점)**

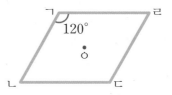

> 풀이

> 답 ....

4 선대칭도형도 되고 점대칭도형도 되는 숫자를 모두 찾으세요. **(6점)**

풀이

답 ....

5 두 사각형은 서로 합동입니다. 사각형 ㄱㄴㄷㄹ의 둘레가 76 cm일 때, 변 ㄷㄹ은 몇 cm인가요? **(6점)**

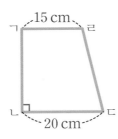 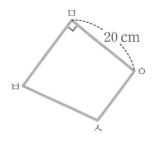

풀이

답 ....

6 삼각형 ㄱㄴㄷ과 삼각형 ㄹㅁㅂ은 서로 합동입니다. 각 ㅁㅅㄷ은 몇 도인가요? **(7점)**

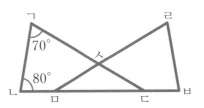

풀이

답 ....

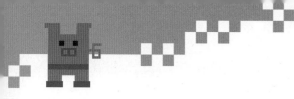

7 삼각형 ㄱㄴㄷ과 삼각형 ㅁㄷㄹ은 서로 합동입니다. 변 ㄱㄷ은 몇 cm인가요? **(8점)**

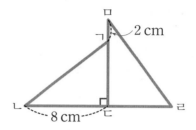

풀이

답 ....

8 점 ㅇ을 대칭의 중심으로 하는 점대칭도형의 일부분입니다. 점대칭도형을 완성했을 때, 점대칭도형의 둘레를 구하세요. **(8점)**

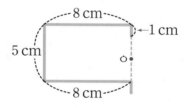

풀이

답 ....

물고기 가족의 소풍

거울에 비친 모양을 찾아 주세요.

뻐끔뻐끔! 물고기 가족이 해초 마을로 소풍을 떠나고 있어요.
앗! 이게 뭐지? 가는 길에 거울을 발견했어요.
거울에 비친 물고기를 찾아볼까요?

1

2

3

4

▶ 쉬어가기 정답은 128쪽에 있습니다.

4 소수의 곱셈

어떻게 공부할까요?

계획대로 공부했나요?
스스로 평가하여
알맞은 표정에 색칠하세요.

교재 날짜	공부할 내용	공부한 날짜	스스로 평가
16일	개념 확인하기	/	😄 🙂 😦
17일	모두 얼마인지 구하기	/	😄 🙂 😦
18일	몇 배인 수 구하기	/	😄 🙂 😦
19일	곱셈이 있는 복잡한 계산	/	😄 🙂 😦
20일	문장제 서술형 평가	/	😄 🙂 😦

곱에 소수점을
빠뜨리지 않도록 주의!!

무엇을 배울까요?

교과서
학습연계도

4-2

3. 소수의 덧셈과 뺄셈
• 소수 두 자리 수, 소수 세 자리 수
• (소수)+(소수), (소수)−(소수)

5-2

2. 분수의 곱셈
• (분수)×(자연수)
• (자연수)×(분수)
• (분수)×(분수)

5-2

4. 소수의 곱셈
• (소수)×(자연수)
• (자연수)×(소수)
• (소수)×(소수)

6-1

3. 소수의 나눗셈
• (소수)÷(자연수)
• (자연수)÷(자연수)

소수의 곱셈은 자연수의 곱셈과 비슷해요.

소수의 덧셈, 뺄셈을 할 때 자연수의 덧셈, 뺄셈처럼 계산한 후 소수점을 찍었듯이
소수의 곱셈도 자연수의 곱셈을 한 후 곱의 소수점만 바른 위치에 콕! 찍어주면 돼요.
문장제도 수만 소수로 바뀌었을 뿐 자연수의 곱셈 문장제와 같답니다.
몇 개씩 몇 묶음, 몇의 몇 배 등 곱셈을 표현하는 문장을 찾아 곱셈식을 세우고 계산하면 되죠.
답을 쓸 때 곱의 소수점을 빠뜨리거나 곱의 소수점 위치를 잘못 찍는 등
실수가 많은 단원이므로 주의하며 공부해 보세요.

개념 확인하기

소수의 곱셈원리
-그림으로 계산

1 그림을 보고 계산해 보세요.

(1)

1.2 × 3 = ...

(2)

0   1   2

2 × 0.4 = ...

(3)

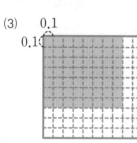

0.8 × 0.7 = ...

소수의 곱셈원리
-분수의 곱셈으로
계산

2 분수의 곱셈 방법으로 계산해 보세요.

(1) $3.5 \times 5 = \dfrac{\boxed{}}{10} \times 5 = \dfrac{\boxed{} \times 5}{10} = \dfrac{\boxed{}}{10} = \boxed{}$

(2) $6 \times 0.9 =$

(3) $1.7 \times 0.3 =$

소수의 곱셈원리
-자연수의 곱셈으로
계산

3 □ 안에 알맞은 수를 써넣으세요.

(1)
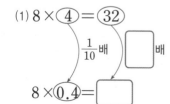

(2)
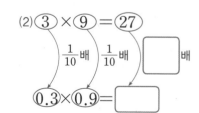

4 계산해 보세요.

(1)
$$\begin{array}{r} 0.2\,8 \\ \times\quad 7 \\ \hline \end{array}$$

(2)
$$\begin{array}{r} 1\,4 \\ \times\ 0.3 \\ \hline \end{array}$$

(3)
$$\begin{array}{r} 0.7\,5 \\ \times\ 0.1\,6 \\ \hline \end{array}$$

(4)
$$\begin{array}{r} 8.2 \\ \times\ 4.9 \\ \hline \end{array}$$

5 빈 곳에 알맞은 수를 써넣으세요.

곱의 소수점 위치

6 곱의 소수점 위치를 생각하며 계산해 보세요.

(1) $0.67 \times 10 \ = \ ....$

$0.67 \times 100 \ = \ ....$

$0.67 \times 1000 = \ ....$

> 곱하는 수의 0이 하나씩 늘어날 때마다 곱의 소수점이 (**오른쪽** , **왼쪽**)으로 한 칸씩 옮겨집니다.

(2) $670 \times 0.1 \ = \ ....$

$670 \times 0.01 \ = \ ....$

$670 \times 0.001 = \ ....$

> 곱하는 소수의 소수점 아래 자리 수가 하나씩 늘어날 때마다 곱의 소수점이 (**오른쪽** , **왼쪽**)으로 한 칸씩 옮겨집니다.

7 $72 \times 34 = 2448$을 이용하여 계산해 보세요.

(1) $0.72 \times 34 = \ ....$

(2) $72 \times 3.4 = \ ....$

(3) $7.2 \times 3.4 = \ ....$

(4) $7.2 \times 340 = \ ....$

모두 얼마인지 구하기

대표문제 1

500원짜리 동전 한 개의 무게는 7.7 g입니다.
500원짜리 동전 7개의 무게는 모두 몇 g인지 구하세요.

문제읽고

❶ 무엇을 구하는 문제인가요? 구하는 것에 밑줄 치세요.
❷ 주어진 것은 무엇인가요? ○표 하고 답하세요.

동전 1개의 무게 : .... g, 동전 개수 : .... 개

풀이쓰고

❸ 식을 쓰세요.

(동전 7개의 무게) = (동전 1개의 무게) (+ , ×) (동전 개수)

= .... (+ , ×) .... = ... (g)

❹ 답을 쓰세요.

500원짜리 동전 7개의 무게는 모두 .... 입니다.

한단계 UP 2

민서는 우유를 한 번에 0.19 L씩 마십니다.
우유를 하루에 2번씩 매일 마신다면
민서가 4월 한 달 동안 마시는 우유는 모두 몇 L인가요?

문제읽고

❶ 구하는 것에 밑줄 치고, 주어진 것에 ○표 하세요.

풀이쓰고

❷ 하루에 마시는 우유는 몇 L인지 구하세요.

(하루에 마시는 우유) = (한 번에 0.19 L씩 .... 번) = 0.19× .... = ▮▮▮▮▮ (L)

❸ 4월 한 달 동안 마시는 우유는 몇 L인지 구하세요.

(4월 한 달 동안 마시는 우유) = (▮▮▮▮▮ L씩 .... 일)

= .... = ... (L)

❹ 답을 쓰세요.   4월 한 달 동안 마시는 우유는 모두 .... 입니다.

다른 풀이

❷-❸ 과정

❷ 4월 한 달 동안 우유를 모두 몇 번 마시는지 구하세요.

(4월 한 달 동안 마시는 횟수) = (하루에 2번씩 .... 일) = 2× .... = ▮▮▮▮▮ (번)

❸ 4월 한 달 동안 마시는 우유는 모두 몇 L인지 구하세요.

(4월 한 달 동안 마시는 우유) = (0.19 L씩 ▮▮▮▮▮ 번) = 0.19× .... = ... (L)

달리기 경주로

대표문제 3

규현이네 학교 운동장에 있는 트랙의 길이는 0.4 km 입니다.
규현이가 이 트랙을 3바퀴 반 달렸다면 달린 거리는 모두 몇 km인지 구하세요.

문제읽고

❶ 무엇을 구하는 문제인가요? 구하는 것에 밑줄 치세요.
❷ 주어진 것은 무엇인가요? ○표 하고 답하세요.

트랙의 길이 : .... km, 달린 바퀴 수 : 3바퀴 ....

풀이쓰고

❸ 3바퀴 반은 몇 바퀴인지 소수로 나타내세요.

(3바퀴 반) = (3바퀴) + (0.5 바퀴) = ... 바퀴

❹ 달린 거리를 구하세요.

(달린 거리) = (트랙의 길이) (+ , ×) (달린 바퀴 수)

= .... = ... (km)

❺ 답을 쓰세요.

규현이가 달린 거리는 모두 .... 입니다.

한단계 UP 4

서준이는 이번 주 월요일부터 토요일까지 하루에 45분씩 독서를 했습니다.
이번 주에 서준이가 독서한 시간은 모두 몇 시간인지 소수로 답하세요.

문제읽고

❶ 무엇을 구하는 문제인가요? 구하는 것에 밑줄 치세요.
❷ 주어진 것은 무엇인가요? ○표 하고 답하세요.

독서한 날 : 월요일부터 토요일까지 ➡ .... 일, 하루에 독서한 시간 : .... 분

풀이쓰고

❸ 45분은 몇 시간인지 소수로 나타내세요.

$45분 = \dfrac{\boxed{}}{60}시간 = \dfrac{\boxed{}}{4}시간 = \dfrac{\boxed{}}{100}시간 = ... 시간$

❹ 이번 주에 서준이가 독서한 시간을 구하세요.

(독서한 시간) = (하루에 독서한 시간) (+ , ×) (독서한 날수)

= .... = ... (시간)

❺ 답을 쓰세요.

이번 주에 서준이가 독서한 시간은 모두 .... 입니다.

시계 그림을 생각해요.

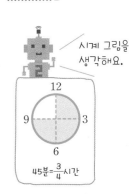

$45분 = \dfrac{3}{4}시간$

1 굵기가 일정한 철근 1 m의 무게가 2.5 kg입니다. 이 철근 4.5 m의 무게는 몇 kg인지 구하세요.

풀이 (철근 4.5 m의 무게) = (철근 1 m의 무게) (+ , ×) (철근의 길이)

= ....

= .... (kg)

답 ....

마주 보는 두 쌍의 변이 서로 평행한 사각형

2 밑변의 길이가 2 m, 높이가 80 cm인 평행사변형 모양의 꽃밭이 있습니다. 꽃밭의 넓이는 몇 m²인지 구하세요.

풀이 ❶ 80 cm는 몇 m인지 소수로 나타내세요.

❷ 꽃밭의 넓이는 몇 m²인지 구하세요.

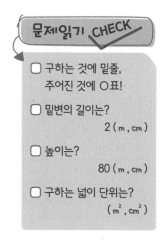

답 ....

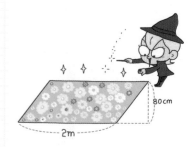

3 1시간 동안 60 km를 가는 빠르기로 달리는 자동차가 있습니다. 이 자동차로 1시간 12분 동안 쉬지 않고 달린다면 몇 km를 갈 수 있는 지 구하세요.

 문제읽기 CHECK

☐ 구하는 것에 밑줄, 주어진 것에 ○표!

☐ 자동차가 1시간 동안 가 는 거리는?
.... km

☐ 자동차가 달린 시간은?
.... 시간 .... 분

풀이 ❶ 1시간 12분은 몇 시간인지 소수로 나타내세요.

❷ 자동차로 1시간 12분 동안 갈 수 있는 거리를 구하세요.

답 ....

도전!

4 선생님께서 학생 한 명에게 찰흙을 0.34 kg씩 나누어 주려고 합니다. 학생 9명에게 찰흙을 나누어 주려면 1 kg짜리 찰흙을 최소 몇 개 사야 하는지 구하세요.

풀이

 문제읽기 CHECK

☐ 구하는 것에 밑줄, 주어진 것에 ○표!

☐ 학생 한 명에게 나누어 주는 찰흙은?
.... kg

☐ 찰흙을 나누어 줄 학생 수는?
.... 명

찰흙이 부족하면 안 되므로 "올림"해서 사야 해요.

답 ....

몇 배인 수 구하기

대표문제 1

목성에서 잰 몸무게는 지구에서 잰 몸무게의 약 (2.36배)입니다.
지구에서 잰 몸무게가 (42 kg)인 사람이
목성에서 몸무게를 재면 약 몇 kg인지 구하세요.

문제읽고

❶ 무엇을 구하는 문제인가요? 구하는 것에 밑줄 치세요.
❷ 주어진 것은 무엇인가요? ○표 하고 답하세요.

목성에서 잰 몸무게 : 지구에서 잰 몸무게 .... kg의 약 .... 배

풀이쓰고

❸ 식을 쓰세요.

(목성에서의 몸무게) = (지구에서의 몸무게) (× , ÷) 2.36

= .... (× , ÷) ....

= .... (kg)

❹ 답을 쓰세요.

목성에서 몸무게를 재면 약 .... 입니다.

한번더 OK 2

가로가 세로의 1.618배인 직사각형 모양의 게시판을 만들려고 합니다.
게시판의 세로 길이를 0.6 m로 하면 가로 길이는 몇 m로 해야 하나요?

문제읽고

❶ 무엇을 구하는 문제인가요? 구하는 것에 밑줄 치세요.
❷ 주어진 것은 무엇인가요? ○표 하고 답하세요.

가로 길이 : 세로 길이 .... m의 .... 배

이렇게 생긴 사각형이 사람들이 보기에
가장 안정적으로 보이는 사각형 모양이래요.
그래서 '황금사각형'이라고 불러요.

풀이쓰고

❸ 식을 쓰세요.

(가로 길이) = (세로 길이) (× , ÷) ....

= ....

= .... (m)

❹ 답을 쓰세요.

게시판의 가로 길이는 .... 로 해야 합니다.

대표
문제

3

희수는 ⊙0.3 kg⊙짜리 식빵을 한 봉지 샀습니다.
이 식빵의 영양성분 표시를 살펴보니 탄수화물이 전체의 ⊙0.44만큼⊙이었습니다.
희수가 산 식빵 한 봉지에 들어 있는 <u>탄수화물은 몇 kg인지 구하세요</u>.

문제읽고

❶ 무엇을 구하는 문제인가요? 구하는 것에 밑줄 치세요.
❷ 주어진 것은 무엇인가요? ○표 하고 답하세요.

    식빵 : .... kg, 식빵 속 탄수화물 : 전체의 .... 만큼

풀이쓰고

❸ 식을 쓰세요.

    (식빵 한 봉지에 들어 있는 탄수화물의 양) = (0.3 kg의 .... 만큼)

                           = 0.3 (× , ÷) ....

                           = ... (kg)

❹ 답을 쓰세요.

    식빵 한 봉지에 들어 있는 탄수화물은 .... 입니다.

한단계
UP

4

아버지의 키는 175 cm입니다.
동생의 키는 아버지 키의 0.8배이고, 진태의 키는 동생 키의 1.1배입니다.
진태의 키는 몇 cm인지 구하세요.

문제읽고

❶ 무엇을 구하는 문제인가요? 구하는 것에 밑줄 치세요.
❷ 주어진 것은 무엇인가요? ○표 하고 답하세요.

    동생의 키 : 아버지 키 .... cm의 .... 배

    진태의 키 : 동생 키의 .... 배

풀이쓰고

❸ 동생과 진태의 키를 각각 구하세요.

    (동생의 키) = (아버지의 키) × ....

                 = ... = ... (cm)

    (진태의 키) = (동생의 키) × ....

                 = ... = ... (cm)

❹ 답을 쓰세요.

    진태의 키는 .... 입니다.

1 예지가 은행에 간 날 우리나라 돈 1000원은 미국 돈 0.89달러와 같 았습니다. 이날 우리나라 돈 20000원을 미국 돈으로 바꾸면 몇 달러 인지 구하세요.

미국의 화폐 단위 →

풀이　(20000원) = (1000원의 .... 배)

　　　　　　 = (0.89달러의 .... 배)

　　　　　　 = 0.89 (＋ , ×) ....

　　　　　　 = ...(달러)

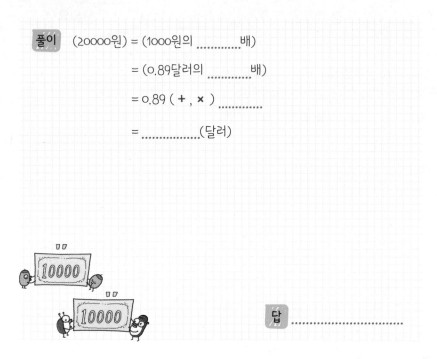

답 ....

---

2 현진이는 길이가 1 m 20 cm인 색 테이프의 0.9만큼 사용하여 선물 을 포장했습니다. 현진이가 사용한 색 테이프의 길이는 몇 m인지 구 하세요.

단위 주의

풀이　❶ 1 m 20 cm는 몇 m인지 소수로 나타내세요.

　　　❷ 현진이가 사용한 색 테이프의 길이를 구하세요.

답 ....

3 사과의 무게는 배 무게의 0.7배이고, 수박의 무게는 사과 무게의 26배입니다. 배의 무게가 0.4 kg이라면 수박의 무게는 몇 kg인지 구하세요.

풀이 ❶ 사과의 무게를 구하세요.

❷ 수박의 무게를 구하세요.

답 ....

문제읽기 CHECK

☐ 구하는 것에 밑줄,
  주어진 것에 ○표!

☐ 배의 무게는?
  .... kg

☐ 사과의 무게는?
  배 무게의 .... 배

☐ 수박의 무게는?
  사과 무게의 .... 배

도전!

4 작년 승호의 몸무게는 38 kg이었습니다. 올해 몸무게는 작년보다 0.2배만큼 늘어났습니다. 승호의 올해 몸무게를 구하세요.

풀이 ❶ 늘어난 몸무게를 구하세요.

❷ 올해 몸무게를 구하세요.

답 ....

문제읽기 CHECK

☐ 구하는 것에 밑줄,
  주어진 것에 ○표!

☐ 작년 승호의 몸무게는?
  .... kg

☐ 늘어난 몸무게는?
  38 kg의 .... 배만큼

0.2배만큼 늘어나서
1.2배가 됐어.

19 DAY 곱셈이 있는 복잡한 계산

대표문제 1

무게가 ⃝0.16 kg인 상자 안에
한 개의 무게가 ⃝0.32 kg인 사과를 ⃝18개 넣었습니다.
사과를 넣은 상자의 무게는 몇 kg인지 구하세요.

문제읽고

❶ 무엇을 구하는 문제인가요? 구하는 것에 밑줄 치세요.

❷ 주어진 것은 무엇인가요? ○표 하고 답하세요.

빈 상자의 무게 : .... kg, 사과 1개의 무게 : .... kg, 사과 수 : .... 개

풀이쓰고

❸ 사과 18개의 무게를 구하세요.

(사과 18개의 무게) = (사과 1개의 무게) (× , ÷) (사과 수)

= .... = ... (kg)

❹ 사과를 넣은 상자의 무게를 구하세요.

(사과를 넣은 상자의 무게) = (빈 상자의 무게) (+ , −) (사과 18개의 무게)

= .... = ... (kg)

❺ 답을 쓰세요. 사과를 넣은 상자의 무게는 ....입니다.

한번더 OK 2

하영이는 1 g당 4.8원 하는 사탕을 900 g 사고 5000원을 냈습니다.
하영이가 받아야 하는 거스름돈은 얼마인지 구하세요.

문제읽고

❶ 무엇을 구하는 문제인가요? 구하는 것에 밑줄 치세요.

❷ 주어진 것은 무엇인가요? ○표 하고 답하세요.

사탕 1 g의 값 : .... 원, 산 사탕의 양 : .... g, 낸 돈 : .... 원

풀이쓰고

❸ 사탕 900 g은 얼마인지 구하세요.

(사탕 900 g의 값) = (사탕 1 g의 값) (× , ÷) (산 사탕의 양)

= .... = ... (원)

❹ 거스름돈을 구하세요.

(거스름돈) = (낸 돈) (+ , −) (사탕 900 g의 값)

= .... = ... (원)

❺ 답을 쓰세요. 거스름돈은 ....입니다.

대표
문제

3

민정이의 운동 계획표입니다. 일주일 동안 운동할 거리를 구하세요.

월	화	수	목	금	토	일
운동장 1.6 km 달리기	운동장 1.6 km 달리기	자전거 3.9 km 타기	운동장 1.6km 달리기	운동장 1.6km 달리기	자전거 3.9 km 타기	자전거 3.9 km 타기

문제읽고

❶ 무엇을 구하는 문제인가요? 구하는 것에 밑줄 치세요.

❷ 일주일 동안 계획한 운동별 횟수는 몇 번인가요? ○표 하고 답하세요.

운동장 달리기 : 1.6 km씩 .... 번, 자전거 타기 : .... km씩 .... 번

풀이쓰고

❸ 운동별로 일주일 동안 운동할 거리를 각각 구하세요.

(운동장 달리기) = ... = ... (km)

(자전거 타기) = ... = ... (km)

❹ 일주일 동안 운동할 거리를 구하세요.

(운동할 거리) = (운동장 달리기) (+ , ×) (자전거 타기)

= .... = ... (km)

❺ 답을 쓰세요. 일주일 동안 운동할 거리는 .... 입니다.

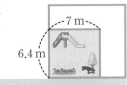

한번 더
OK

4

가로가 7 m, 세로가 6.4 m인 직사각형 모양의 놀이터가 있었습니다.
이 놀이터의 가로와 세로를 각각 1.5배로 늘려 새로운 놀이터를 만들었습니다.
새로운 놀이터의 넓이는 몇 m²인지 구하세요.

문제읽고

❶ 구하는 것에 밑줄 치고, 주어진 것에 ○표 하세요.

풀이쓰고

❷ 새로운 놀이터의 가로와 세로를 각각 구하세요.

(가로) = (............ m의 1.5배) = ... = ... (m)

(세로) = (............ m의 1.5배) = ... = ... (m)

❸ 새로운 놀이터의 넓이를 구하세요.

(넓이) = (가로) × (세로) = ... = ... (m²)

❹ 답을 쓰세요. 새로운 놀이터의 넓이는 .... 입니다.

1 1분에 22.5 L의 물이 일정하게 나오는 수도가 있습니다. 용주는 이 수도에서 5분 동안 물을 받은 다음, 4.7 L를 사용하였습니다. 남은 물은 몇 L인지 구하세요.

문제읽기 CHECK

☐ 구하는 것에 밑줄, 주어진 것에 ○표!

☐ 1분에 나오는 물의 양은?
.... L

☐ 물을 받은 시간은?
.... 분

☐ 사용한 물의 양은?
.... L

풀이 (5분 동안 받은 물의 양)

= (1분에 나오는 물의 양) (+ , ×) (물을 받은 시간)

= .... = ... (L)

(남은 물의 양)

= (5분 동안 받은 물의 양) (− , ×) (사용한 물의 양)

= .... = ... (L)

답 ....

2 진영이의 몸무게는 수정이 몸무게의 0.9배보다 2 kg 더 무겁습니다. 수정이의 몸무게가 41 kg이라면 진영이의 몸무게는 몇 kg인지 구하세요.

문제읽기 CHECK

☐ 구하는 것에 밑줄, 주어진 것에 ○표!

☐ 수정이의 몸무게는?
.... kg

☐ 진영이의 몸무게는?
수정이 몸무게의
.... 배보다 2 kg
더 (무겁다 , 가볍다).

풀이

답 ....

3 길이가 8.2 cm인 색 테이프 6장을 그림과 같이 0.7 cm씩 겹쳐서 이어 붙였습니다. 이어 붙인 색 테이프의 전체 길이는 몇 cm인지 구하세요.

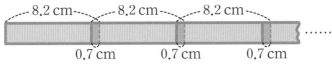

8.2 cm · · · 8.2 cm · · · 8.2 cm

0.7 cm　　0.7 cm　　0.7 cm

풀이 ❶ 색 테이프 6장의 길이의 합을 구하세요.

❷ 겹친 부분의 길이의 합을 구하세요.

❸ 이어 붙인 색 테이프의 전체 길이를 구하세요.

답 ....

문제읽기 CHECK

☐ 구하는 것에 밑줄,
　주어진 것에 ○표!

☐ 색 테이프는?
　.........cm씩 ......장

☐ 겹친 한 부분의 길이는?
　..........cm

도전!

4 길이가 0.4 m인 양초가 있습니다. 이 양초는 한 시간에 0.08 m씩 일정한 빠르기로 탄다고 합니다. 양초에 30분 동안 불을 붙여 태웠다면 타고 남은 양초의 길이는 몇 m인지 구하세요.

풀이 ❶ 30분은 몇 시간인지 구하세요.

❷ 양초가 30분 동안 탄 길이를 구하세요.

❸ 타고 남은 양초의 길이를 구하세요.

답 ....

문제읽기 CHECK

☐ 구하는 것에 밑줄,
　주어진 것에 ○표!

☐ 처음 양초의 길이는?
　..........m

☐ 한 시간에 양초가 타는
　길이는?
　..........m

☐ 양초를 태운 시간은?
　30 (분 , 시간)

문장제 서술형 평가

1 1 km를 가는 데 휘발유가 0.08 L 필요한 자동차가 있습니다. 이 자동차로 70 km 를 가려면 휘발유가 몇 L 필요한지 구하세요. **(5점)**

 풀이

답 ....

2 넓이가 27 m²인 텃밭이 있습니다. 텃밭의 0.3만큼에 감자를 심었다면 감자를 심은 부분의 넓이는 몇 m²인지 구하세요. **(5점)**

풀이

답 ....

3 서희는 우리나라와 중국의 환율을 알아보았습니다. 우리나라와 중국의 환율이 오른쪽과 같을 때, 우리나라 돈 5000원을 중국 돈으로 바꾸면 몇 위안인지 구하세요. **(5점)**

○○월 ○○일의 환율
우리나라 돈 1000원은 중국 돈 5.82위안과 같습니다.

 풀이

답 ....

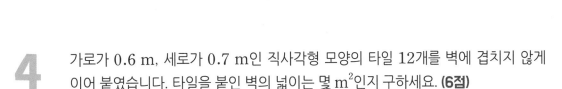

4 가로가 0.6 m, 세로가 0.7 m인 직사각형 모양의 타일 12개를 벽에 겹치지 않게 이어 붙였습니다. 타일을 붙인 벽의 넓이는 몇 m²인지 구하세요. **(6점)**

풀이

답 ....

5 1분에 3.5 L의 약수가 일정하게 나오는 약수터가 있습니다. 하진이가 이 약수터에 서 2분 30초 동안 약수를 받으면 모두 몇 L의 약수를 받을 수 있는지 구하세요. **(6점)**

풀이

답 ....

6 동화책 무게는 만화책 무게의 1.4배이고, 만화책 무게는 백과사전 무게의 0.7배입니다. 백과사전 무게가 0.9 kg이라면 동화책 무게는 몇 kg인지 구하세요. **(6점)**

풀이

답 ....

7 어머니께서는 1 L 800 mL짜리 물 12병과 0.5 L짜리 물 20병을 샀습니다. 어머니께서 산 물은 모두 몇 L인지 구하세요. **(7점)**

풀이

답 ....

8 작년 승원이와 호균이의 키는 각각 142 cm, 139 cm였습니다. 올해 키를 재어 보니 승원이는 작년보다 0.05배만큼, 호균이는 0.1배만큼 키가 더 컸습니다. 승원이와 호균이 중에서 올해 누구의 키가 몇 cm 더 큰지 구하세요. **(8점)**

풀이

답 .... ,......................

수영장이 너무 좁아!

서로 다른 부분 8군데를 찾아 ○표 해 주세요.

동물 친구들이 수영장에 모여 즐겁게 놀고 있어요.
앗, 고릴라에게는 수영장이 너무 좁아 보이네요.
고릴라에게 맞는 넓은 수영장이 어디 없을까요?

▶ 쉬어가기 정답은 128쪽에 있습니다.

5 직육면체

어떻게 공부할까요?

계획대로 공부했나요?
스스로 평가하여
알맞은 표정에 색칠하세요.

교재 날짜	공부할 내용	공부한 날짜	스스로 평가		
21일	개념 확인하기	/	😄	🙂	😟
22일	직육면체와 정육면체	/	😄	🙂	😟
23일	직육면체의 모서리 길이	/	😄	🙂	😟
24일	직육면체의 전개도	/	😄	🙂	😟
25일	문장제 서술형 평가	/	😄	🙂	😟

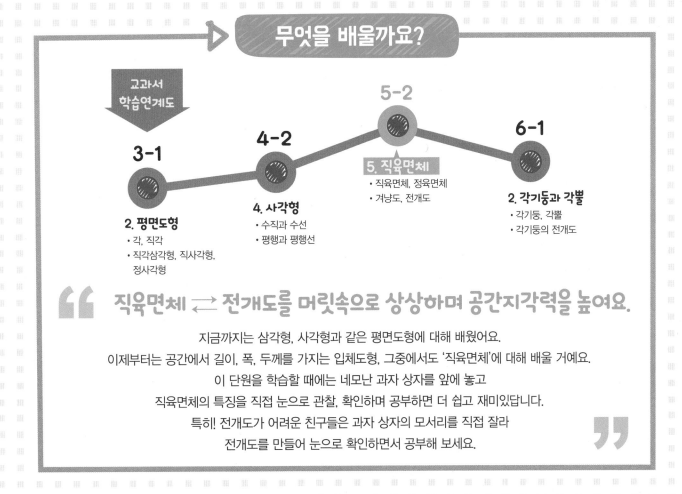

무엇을 배울까요?

교과서 학습연계도

3-1
2. 평면도형
• 각, 직각
• 직각삼각형, 직사각형, 정사각형

4-2
4. 사각형
• 수직과 수선
• 평행과 평행선

5-2
5. 직육면체
• 직육면체, 정육면체
• 겨냥도, 전개도

6-1
2. 각기둥과 각뿔
• 각기둥, 각뿔
• 각기둥의 전개도

직육면체 ⇄ 전개도를 머릿속으로 상상하며 공간지각력을 높여요.

지금까지는 삼각형, 사각형과 같은 평면도형에 대해 배웠어요.
이제부터는 공간에서 길이, 폭, 두께를 가지는 입체도형, 그중에서도 '직육면체'에 대해 배울 거예요.
이 단원을 학습할 때에는 네모난 과자 상자를 앞에 놓고
직육면체의 특징을 직접 눈으로 관찰, 확인하며 공부하면 더 쉽고 재미있답니다.
특히! 전개도가 어려운 친구들은 과자 상자의 모서리를 직접 잘라
전개도를 만들어 눈으로 확인하면서 공부해 보세요.

개념 확인하기

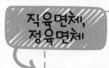
직육면체, 정육면체

1 빈 곳에 알맞은 말을 써넣으세요.

(1) 직육면체는 ......**직사각형 6개**...... 로 둘러싸인 도형입니다.

(2) 정육면체는 .... 로 둘러싸인 도형입니다.

2 빈 곳에 직육면체의 각 부분의 이름을 알맞게 써넣으세요.

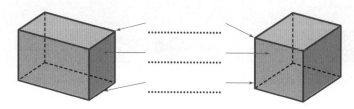

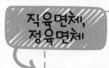
직육면체의 성질

3 직육면체를 보고 물음에 답하세요.

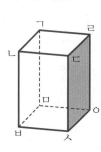

(1) 면 ㄷㅅㅇㄹ과 평행한 면을 색칠하세요.

(2) 면 ㄷㅅㅇㄹ과 수직인 면을 모두 쓰세요.

....

....

4 직육면체의 모서리 길이를 ☐ 안에 써넣으세요.

(1)

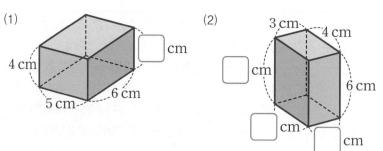

4 cm
5 cm   6 cm
☐ cm

(2)

3 cm   4 cm
☐ cm   6 cm
☐ cm   ☐ cm

5 직육면체의 겨냥도를 보고 면, 모서리, 꼭짓점의 수를 써넣으세요.

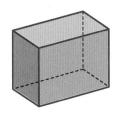

면의 수(개)		모서리의 수(개)		꼭짓점의 수(개)	
보이는 면	보이지 않는 면	보이는 모서리	보이지 않는 모서리	보이는 꼭짓점	보이지 않는 꼭짓점

6 전개도를 접어서 정육면체를 만들었습니다. 물음에 답하세요.

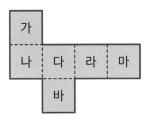

(1) 면 가와 평행한 면을 쓰세요.

....

(2) 면 나와 수직인 면을 모두 쓰세요.

....

7 직육면체의 전개도를 그린 것입니다. □ 안에 알맞은 수를 써넣으세요.

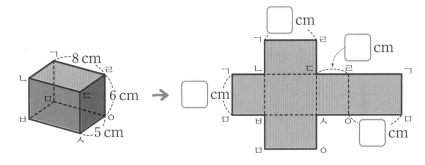

직육면체와 정육면체

대표문제

1 오른쪽 도형은 직육면체인가요?
그렇게 생각한 이유를 쓰세요.

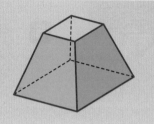

문제읽고

❶ 무엇을 구하는 문제인가요? 구하는 것에 밑줄 치세요.

풀이쓰고

❷ 직육면체는 어떤 입체도형인지 알맞은 말에 ○표 하세요.

직육면체는 (**직사각형** , **정사각형**) 6개로 둘러싸인 도형입니다.

❸ 위의 도형은 직사각형으로 둘러싸인 도형인가요?　　(**예** , **아니오**)

위의 도형은 면 6개로 둘러싸인 도형인가요?　　(**예** , **아니오**)

❹ 답과 이유를 쓰세요.

도형은 (**직육면체입니다** , **직육면체가 아닙니다**).

왜냐하면 직육면체는 ....

주어진 도형은 .... 때문입니다.

한번 더 OK

2 직육면체는 정육면체라고 할 수 있나요?
그렇게 생각한 이유를 쓰세요.

문제읽고

❶ 무엇을 구하는 문제인가요? 구하는 것에 밑줄 치세요.

풀이쓰고

❷ 정육면체는 어떤 입체도형인지 알맞은 말에 ○표 하세요.

정육면체는 (**직사각형** , **정사각형**) 6개로 둘러싸인 도형입니다.

❸ 직육면체는 정사각형으로 둘러싸인 도형이라고 할 수 있나요?　　(**예** , **아니오**)

왜냐하면 직사각형은 정사각형이라고 할 수 (**있기** , **없기**) 때문입니다.

❹ 답과 이유를 쓰세요.

직육면체는 정육면체라고 할 수 (**있습니다** , **없습니다**).

왜냐하면 직육면체는 ....

.... 때문입니다.

대표 문제 3

직육면체에서
보이는 모서리 수와 보이지 않는 꼭짓점 수의 차를 구하세요.

문제읽고

❶ 무엇을 구하는 문제인가요? 구하는 것에 밑줄 치세요.

❷ 알맞은 말에 ○표 하고, 위 직육면체에서 보이지 않는 모서리를 점선으로 그려 넣으세요.

직육면체의 겨냥도에서는 보이는 모서리는 (**실선** , **점선**)으로,

보이지 않는 모서리는 (**실선** , **점선**)으로 그립니다.

풀이쓰고

❸ 보이는 모서리 수와 보이지 않는 꼭짓점 수의 차를 구하세요.

보이는 모서리의 수 : ....개, 보이지 않는 꼭짓점의 수 : ....개

➡ (차) = (보이는 모서리의 수) (**+** , **−**) (보이지 않는 꼭짓점의 수)

= .... = ... (개)

❹ 답을 쓰세요. 보이는 모서리 수와 보이지 않는 꼭짓점 수의 차는 ....입니다.

한단계 UP 4

직육면체에서
면 ㄱㄴㄷㄹ과 평행한 면의 모서리 길이의 합을
구하세요.

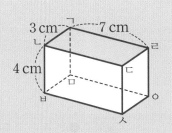

문제읽고

❶ 무엇을 구하는 문제인가요? 구하는 것에 밑줄 치고, 위 직육면체에서 면 ㄱㄴㄷㄹ을 찾으세요.

풀이쓰고

❷ 면 ㄱㄴㄷㄹ과 평행한 면을 찾아 색칠하세요.

면 ㄱㄴㄷㄹ과 마주 보는 면을 찾으면 면 ....입니다.

❸ 면 ㅁㅂㅅㅇ의 모서리 길이의 합을 구하세요.

면 ㅁㅂㅅㅇ에는

길이가 3 cm인 모서리가 ....개, 길이가 .... cm인 모서리가 ....개입니다.

➡ (모서리 길이의 합) = ... = ... (cm)

❹ 답을 쓰세요. 면 ㄱㄴㄷㄹ과 평행한 면의 모서리 길이의 합은 ....입니다.

1 직육면체에서 보이지 않는 면의 수와 보이지 않는 모서리 수의 합을 구하세요.

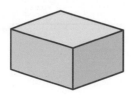

문제읽기 CHECK
☐ 구하는 것에 밑줄!
☐ 직육면체에서 보이지 않는 모서리를 점선으로 그리면?

풀이　보이지 않는 면의 수 : ....개

보이지 않는 모서리의 수 : ....개

➜ (합) = (보이지 않는 면의 수) (+ , −) (보이지 않는 모서리의 수)

= .... = ...(개)

답 ....

2 직육면체에서 면 ㄴㅂㅅㄷ과 평행한 면의 모서리 길이의 합을 구하세요.

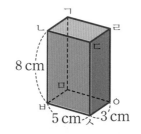

문제읽기 CHECK
☐ 구하는 것에 밑줄, 그림에서 면 ㄴㅂㅅㄷ 찾기!
☐ 모서리의 길이는?
　모서리 ㄴㅂ ....cm
　모서리 ㅂㅅ ....cm
　모서리 ㅅㅇ ....cm

풀이　❶ 면 ㄴㅂㅅㄷ과 평행한 면을 찾으세요.

❷ ❶에서 찾은 면의 모서리 길이의 합을 구하세요.

답 ....

3 주사위의 마주 보는 면에 있는 눈의 수를 합하면 7입니다. 눈의 수가 2인 면과 수직인 모든 면에 있는 눈의 수의 합을 구하세요.

문제읽기 CHECK

☐ 구하는 것에 밑줄, 주어진 것에 ○표!

☐ 마주 보는 면에 있는 눈의 수를 합하면?
....

☐ 마주 보는 면은?
(평행한 면 , 수직인 면)

☐ 정육면체에서 한 면과 수직인 면은 몇 개?
.... 개

풀이

❶ 눈의 수가 2인 면과 수직인 면의 눈의 수를 구하세요.

❷ 눈의 수가 2인 면과 수직인 모든 면에 있는 눈의 수의 합을 구하세요.

답 ....

도전!

4 직육면체와 정육면체의 공통점과 차이점을 한 가지씩 쓰세요.

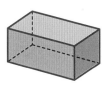

문제읽기 CHECK

☐ 구하는 것에 밑줄!

☐ 직육면체는?
직사각형 6개로
....
둘러싸인   도형

☐ 정육면체는?
....
.... 도형

풀이

	직육면체	정육면체
면의 수(개)		
모서리의 수(개)		
꼭짓점의 수(개)		
면의 모양		
모서리의 길이		

공통점 ....

차이점 ....

두 도형의 공통점과 차이점을 쓸 때에는 면, 모서리, 꼭짓점의 수, 모양, 길이와 같이 정확한 수학 용어를 사용하여 설명해야 해요.

직육면체의 모서리 길이

대표
문제

1

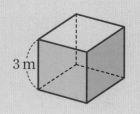

(정육면체)의
모든 모서리 길이의 합은 몇 m인지 구하세요.

3 m

문제읽고

❶ 구하는 것에 밑줄 치고, 주어진 것에 ○표 하세요.

❷ 알고 있는 것은 무엇인가요?

정육면체의 모서리는 .... 개이고, 길이가 모두 (**같습니다** , **다릅니다**).

풀이쓰고

❸ 정육면체의 모든 모서리 길이의 합을 구하세요.

정육면체에는 길이가 3 m인 모서리가 .... 개 있으므로

➡ (모든 모서리 길이의 합) = (한 모서리의 길이) (× , ÷) (모서리의 수)

= .... (× , ÷) .... = ... (m)

❹ 답을 쓰세요.   정육면체의 모든 모서리 길이의 합은 .... 입니다.

한번 더
OK

2

직육면체의
모든 모서리 길이의 합은 몇 cm인지 구하세요.

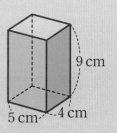

9 cm

5 cm   4 cm

문제읽고

❶ 구하는 것에 밑줄 치고, 주어진 것에 ○표 하세요.

❷ 알고 있는 것은 무엇인가요?

직육면체에는 길이가 같은 모서리가 .... 개씩 .... 쌍 있습니다.

풀이쓰고

❸ 직육면체의 모든 모서리 길이의 합을 구하세요.

직육면체에는 길이가 5 cm, 4 cm, 9 cm인 모서리가 각각 .... 개씩 있으므로

➡ (모든 모서리 길이의 합) = 5× .... +4× .... +9× ....

'(5+4+9)× 4'로
계산해도 돼요.

= .... (cm)

❹ 답을 쓰세요.   직육면체의 모든 모서리 길이의 합은 .... 입니다.

3

오른쪽 그림과 같이
직육면체 모양의 상자에 테이프를 붙였습니다.
사용한 테이프의 길이는 모두 몇 cm인지 구하세요.

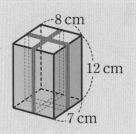

문제읽고 ❶ 구하는 것에 밑줄 치고, 주어진 것에 ○표 하세요.

풀이쓰고 ❷ 사용한 테이프의 길이를 구하세요.

테이프를 붙인 부분은

길이가 8 cm, 7 cm인 부분이 각각 .... 군데씩이고,

길이가 12 cm인 부분이 .... 군데입니다.

➡ (사용한 테이프의 길이) = 8× .... ＋7× .... ＋12× ....

= .... (cm)

❸ 답을 쓰세요.   사용한 테이프의 길이는 모두 ....입니다.

4

오른쪽 그림과 같이
정육면체 모양의 상자를 끈으로 묶었습니다.
매듭으로 사용한 끈의 길이가 30 cm라면
사용한 끈의 길이는 모두 몇 cm인지 구하세요.

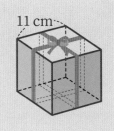

문제읽고 ❶ 구하는 것에 밑줄 치고, 주어진 것에 ○표 하세요.

풀이쓰고 ❷ 사용한 끈의 길이를 구하세요.

끈으로 둘러싼 부분은 길이가 11 cm인 부분이 ....군데이고,

매듭으로 사용한 길이가 .... cm입니다.

➡ (사용한 끈의 길이) = (상자를 둘러싼 길이) (＋ , －) (매듭으로 사용한 길이)

= 11× .... (＋ , －) ....

= .... (cm)

❸ 답을 쓰세요.   사용한 끈의 길이는 모두 ....입니다.

1 직육면체에서 보이는 모서리 길이의 합은
몇 cm인지 구하세요.

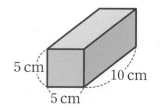

5 cm
10 cm
5 cm

풀이 직육면체에는 길이가 5 cm인 보이는 모서리가 .... 개,

길이가 10 cm인 보이는 모서리가 .... 개입니다.

➡ (보이는 모서리 길이의 합) = ...

= .... (cm)

답 ....

2 그림과 같이 직육면체 모양의 상자를 끈으로 묶으려고 합니다. 매듭을
묶는 데 끈이 25 cm 필요하다면 상자를 묶는 데 끈이 최소 몇 cm 필
요한지 구하세요.

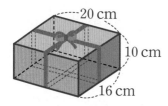

20 cm
10 cm
16 cm

풀이

답 ....

3 모든 모서리 길이의 합이 60 cm인 정육면체가 있습니다. 이 정육면체의 한 모서리의 길이를 구하세요.

 풀이

문제읽기 CHECK

☐ 구하는 것에 밑줄,
　주어진 것에 ○표!

☐ 정육면체의 모서리는?
　① ⋯⋯⋯ 개
　② 모든 모서리의 길이가
　(같다 , 다르다).

☐ 모든 모서리 길이의 합
　은?
　⋯⋯⋯⋯ cm

답 ⋯⋯⋯⋯⋯⋯

도전!

4 모든 모서리 길이의 합이 64 cm인 직육면체입니다. 모서리 ㅂㅅ의 길이는 몇 cm인지 구하세요.

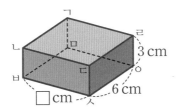

 풀이

문제읽기 CHECK

☐ 구하는 것에 밑줄,
　주어진 것에 ○표!

☐ 모든 모서리 길이의 합은?
　⋯⋯⋯⋯ cm

☐ 직육면체의 모서리는?
　☐cm 모서리 ⋯⋯ 개
　6 cm 모서리 ⋯⋯ 개
　3 cm 모서리 ⋯⋯ 개

답 ⋯⋯⋯⋯⋯⋯

직육면체의 전개도

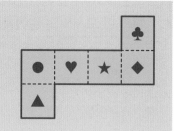

1 오른쪽 정육면체의 전개도를 접었을 때
♥가 그려진 면과 평행한 면에 그려진 모양은
무엇인가요?

문제읽고

❶ 구하는 것에 밑줄 치고, 주어진 것에 ○표 하세요.
❷ 전개도를 접었을 때 빨간색 선분과 맞닿는 선분을 찾아보세요.

> 💡 전개도를 접었을 때
> 모서리가 서로 만나면 → 수직인 면
> 모서리가 만나지 않으면 → 평행한 면
> 이에요.

풀이쓰고

❸ ♥가 그려진 면과 평행한 면에 그려진 모양을 찾으세요.

전개도를 접었을 때 ♥가 그려진 면과 평행한 면은

♥가 그려진 면과 서로 마주 보는 면이므로 (♣ , ● , ★ , ◆ , ▲)가 그려진 면입니다.

❹ 답을 쓰세요. ♥가 그려진 면과 평행한 면에 그려진 모양은 ....입니다.

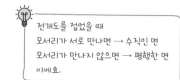

2 오른쪽은 정육면체 모양 주사위의 전개도입니다.
주사위의 마주 보는 면에 있는 눈의 수의 합이 7일 때
면 가, 면 나, 면 다에 주사위 눈을 알맞게 그리세요.

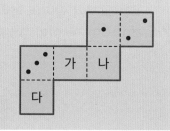

문제읽고

❶ 무엇을 구하는 문제인가요? 구하는 것에 밑줄 치세요.
❷ 주어진 것은 무엇인가요? ○표 하고 답하세요.

마주 보는 면에 있는 눈의 수의 합 : ....

풀이쓰고

❸ 면 가, 면 나, 면 다에 알맞은 주사위 눈의 수를 구하세요.

면 가와 평행한 면 : ([⚀] , [⚁] , [⚂]) ➜ 면 가의 눈의 수 : 7−2 = ...

면 나와 평행한 면 : ([⚀] , [⚁] , [⚂]) ➜ 면 나의 눈의 수 : ....

면 다와 평행한 면 : ([⚀] , [⚁] , [⚂]) ➜ 면 다의 눈의 수 : ....

❹ 주사위 눈을 그리세요. 면 가 : [ ] , 면 나 : [ ] , 면 다 : [ ]

3

직육면체 모양의 선물 상자를 그림과 같이 끈으로 묶었습니다.
직육면체의 전개도가 오른쪽과 같을 때 <u>끈이 지나가는 자리를 그리세요.</u>

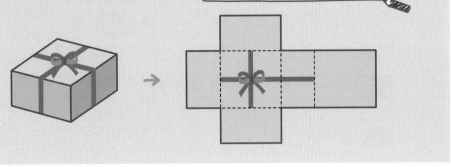

문제읽고

❶ 무엇을 구하는 문제인가요? 구하는 것에 밑줄 치세요.

풀이쓰고

❷ 리본이 있는 면에 그려진 선 중 가로선과 연결되는 끈의 자리를 전개도에 그리세요.

❸ 리본이 있는 면에 그려진 선 중 세로선과 연결되는 끈의 자리를 전개도에 그리세요.

4

왼쪽 그림과 같이 직육면체의 면에 선을 그었습니다.
직육면체의 전개도가 오른쪽과 같을 때 선이 지나가는 자리를 그리세요.

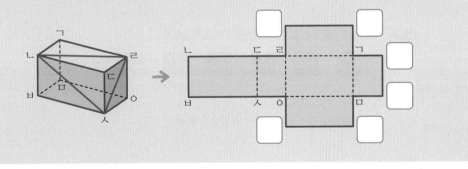

문제읽고

❶ 무엇을 구하는 문제인가요? 구하는 것에 밑줄 치세요.

풀이쓰고

❷ 직육면체를 접었을 때 만나는 점을 찾아 전개도에 꼭짓점의 기호를 쓰세요.

❸ 직육면체에서 선이 지나간 면을 찾아 전개도에 선분을 그리세요.

　　① 면 ㄴㅂㅅㄷ을 찾아 선분 ....을 긋습니다.

　　② 면 ㄷㅅㅇㄹ을 찾아 선분 ....을 긋습니다.

　　③ 면 ㄱㄴㄷㄹ을 찾아 선분 ....을 긋습니다.

1 오른쪽 전개도를 접어서 정육면체를 만들 수 있나요? 그렇게 생각한 이유를 쓰세요.

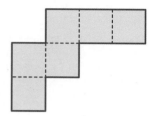

문제읽기 CHECK

☐ 구하는 것에 밑줄!
☐ 정육면체의 전개도는?
  ① 정사각형 .... 개로 이루어져 있다.
  ② 접었을 때 겹치는 모서리 길이가 (같다 , 다르다).
  ③ 접었을 때 서로 겹치는 부분이 (있다 , 없다).

답 정육면체를 만들 수 (**없습니다** , **있습니다**).

이유 왜냐하면 ....

.... 때문입니다.

2 오른쪽 정육면체의 전개도를 접어 주사위를 만들었을 때 평행한 두 면에 있는 눈의 수의 합은 모두 같습니다. 면 가와 면 나에 알맞은 눈의 수를 구하세요.

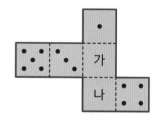

문제읽기 CHECK

☐ 구하는 것에 밑줄, 주어진 것에 ○표!
☐ 평행한 두 면에 있는 눈의 수의 합은?
  모두 (같다 , 다르다)

풀이 ❶ 전개도를 접었을 때 평행한 두 면끼리 연결하세요.

    가 나

❷ 평행한 두 면에 있는 눈의 수의 합을 구하세요.

❸ 면 가와 면 나에 알맞은 눈의 수를 각각 구하세요.

답 가: , 나:

3 왼쪽 그림과 같이 정육면체의 면에 선을 그었습니다. 정육면체의 전개도가 오른쪽과 같을 때 선이 지나가는 자리를 그려 넣으세요.

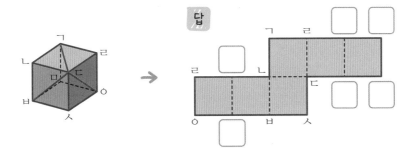

답

문제읽기 CHECK

☐ 구하는 것에 밑줄!
☐ 정육면체의 면에 그어진
　선분은?
　　선분 ‥‥‥‥‥
　　선분 ‥‥‥‥‥
　　선분 ‥‥‥‥‥

풀이　❶ 정육면체를 접었을 때 만나는 점을 찾아 전개도에 꼭짓점의 기호를 쓰세요.

　　　❷ 정육면체에서 선이 지나간 면을 찾아 전개도에 선분을 그리세요.

도전!
4 직육면체의 전개도를 그렸습니다. 선분 ㄱㅈ은 몇 cm인가요?

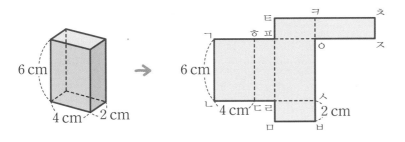

문제읽기 CHECK

☐ 구하는 것에 밑줄,
　전개도에서 선분 ㄱㅈ 찾기!
☐ 직육면체의 전개도를 접었
　을 때, 서로 겹치는 선분의
　길이는 (같다 , 다르다).

풀이

답 ‥‥‥‥‥‥‥‥‥‥‥‥‥‥

문장제 서술형 평가

1 오른쪽 직육면체에서 보이지 않는 면의 수와 보이는 모서
리 수의 차를 구하세요. **(5점)**

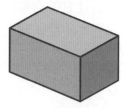

풀이

답 ....

2 직육면체의 성질을 잘못 설명한 것을 찾아 기호를 쓰고, 바르게 고쳐 쓰세요. **(5점)**

> ㉠ 서로 평행한 면은 모두 3쌍입니다.
> ㉡ 한 모서리에서 만나는 두 면은 서로 수직입니다.
> ㉢ 한 꼭짓점에서 만나는 면은 모두 2개입니다.

잘못 설명한 것 ....

고쳐 쓰기 ....

3 오른쪽 직육면체에서 색칠한 면이 밑면일 때, 옆면을 모
두 찾아 쓰고 몇 개인지 쓰세요. **(5점)**

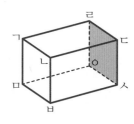

풀이

답 .... , ...

4 직육면체 모양의 상자에 그림과 같이 색 테이프를 붙였습니다. 전개도에 기호를 알맞게 쓰고, 색 테이프를 붙인 자리에 선을 그려 넣으세요. **(6점)**

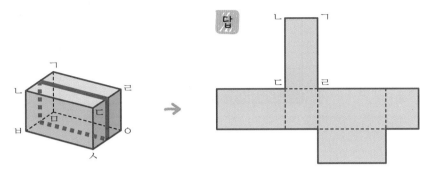

답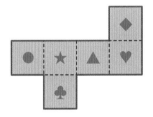

5 오른쪽 정육면체의 전개도를 접어 주사위를 만들려고 합니다. ♣가 그려진 면과 평행한 면에 그려진 모양은 무엇인지 구하세요. **(6점)**

풀이

답 ....

6 오른쪽 그림과 같이 직육면체 모양의 상자를 끈으로 묶었습니다. 매듭으로 사용한 끈이 없을 때 사용한 끈의 길이는 모두 몇 cm인지 구하세요. **(6점)**

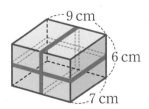

풀이

답 ....

7 가로가 36 cm, 세로가 12 cm인 직사각형 모양의 종이 위에 다음과 같이 직육면체의 전개도를 그렸습니다. 선분 ㅌㅋ은 몇 cm인지 구하세요. **(8점)**

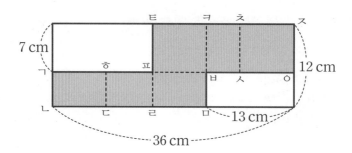

풀이

답 ....

8 오른쪽 직육면체와 모든 모서리 길이의 합이 같은 정육면체가 있습니다. 이 정육면체의 한 모서리의 길이는 몇 cm인지 구하세요. **(8점)**

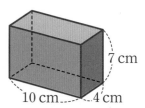

풀이

답 ....

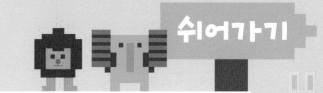

창고 대방출!

그림 조각을 찾아 그림을 완성해 주세요.

오랜만에 창고에 들어가 봤더니 정말 엉망진창이에요!
잃어버렸던 물건들이 다 여기에 있었어요.
창고를 정리할 수 있도록 빠진 부분을 채워 주세요.

▶ 쉬어가기 정답은 128쪽에 있습니다.

6 평균과 가능성

어떻게 공부할까요?

계획대로 공부했나요?
스스로 평가하여
알맞은 표정에 색칠하세요.

교재 날짜	공부할 내용	공부한 날짜	스스로 평가
26일	개념 확인하기	/	😄 🙂 😟
27일	평균	/	😄 🙂 😟
28일	일이 일어날 가능성	/	😄 🙂 😟
29일	문장제 서술형 평가	/	😄 🙂 😟

자료를 대표하는 값이 평균이야.

무엇을 배울까요?

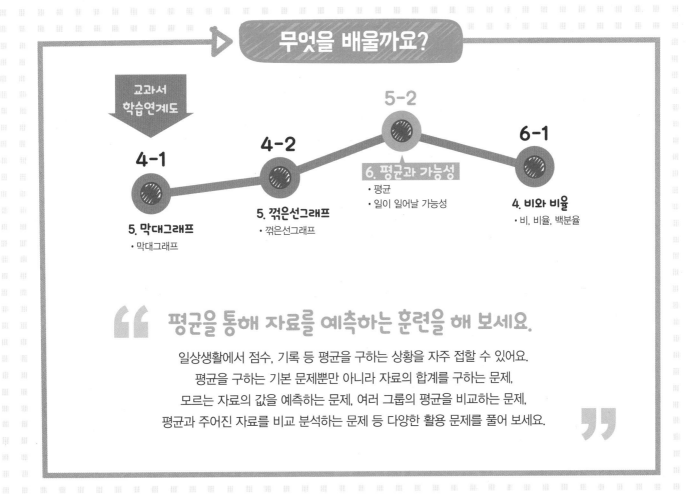

교과서 학습연계도

4-1
5. 막대그래프
• 막대그래프

4-2
5. 꺾은선그래프
• 꺾은선그래프

5-2
6. 평균과 가능성
• 평균
• 일이 일어날 가능성

6-1
4. 비와 비율
• 비, 비율, 백분율

> ❝ **평균을 통해 자료를 예측하는 훈련을 해 보세요.**
>
> 일상생활에서 점수, 기록 등 평균을 구하는 상황을 자주 접할 수 있어요.
> 평균을 구하는 기본 문제뿐만 아니라 자료의 합계를 구하는 문제,
> 모르는 자료의 값을 예측하는 문제, 여러 그룹의 평균을 비교하는 문제,
> 평균과 주어진 자료를 비교 분석하는 문제 등 다양한 활용 문제를 풀어 보세요. ❞

개념 확인하기

평균

1 표를 보고 평균을 구하세요.

(1)

요일별 식빵 판매량

요일	월	화	수	목	금	토	일
판매량(개)	21	12	23	22	25	30	28

(판매량 합계)=...=...............(개)

(조사한 날수)=.........일

➡ (하루 평균 판매량)=.............÷.......=...................(개)

(2)

학급별 학생 수

학급(반)	인	의	예	지	신
학생 수(명)	19	22	20	21	23

(학급별 학생 수의 평균)

먼저 계산

=(+   +   +   +   )÷.......

=.............÷.......=...................(명)

(3)

학생별 키

이름	예은	정규	태훈	도연
키(cm)	149	145	144	150

...........................cm

(4)

100 m 달리기 기록

이름	상효	지선	현무	재욱	미나	백현
기록(초)	18	21	20	17	16	22

.......................초

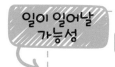

2 □ 안에 일이 일어날 가능성의 정도를 알맞게 써넣으세요.

← 일이 일어날 가능성이 낮습니다.　　　　　일이 일어날 가능성이 높습니다. →

~일 것 같다

불가능하다　　　　　　반반이다

3 회전판을 돌렸을 때, 화살이 흰색에 멈출 가능성을 찾아 기호를 쓰세요.

ㄱ 불가능하다　　　ㄴ ~아닐 것 같다　　　ㄷ 반반이다
ㄹ ~일 것 같다　　　ㅁ 확실하다

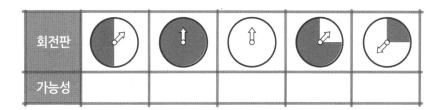

회전판					
가능성					

4 일이 일어날 가능성을 말과 수로 표현하세요.

(1) 1부터 6까지의 눈이 그려진 주사위를 한 번 굴릴 때, 주사위 눈의 수가 짝수가 나올 가능성

　　　　말 ...., 수 ....

(2) 검은색 바둑돌만 들어 있는 통에서 바둑돌 1개를 꺼낼 때, 흰색 바둑돌이 나올 가능성

　　　　말 ...., 수 ....

(3) 당첨 제비만 3개 들어 있는 제비뽑기 상자에서 제비 1개를 뽑을 때, 당첨 제비를 뽑을 가능성

　　　　말 ...., 수 ....

대표문제

1

지난주 월요일부터 금요일까지 기태네 마을의 최고 기온을 나타낸 표입니다.
최고 기온이 평균보다 낮았던 날은 며칠인지 구하세요.

요일별 최고 기온

요일	월	화	수	목	금
기온(°C)	⑩	⑫	⑥	⑧	④

문제읽고

❶ 구하는 것에 밑줄 치고, 주어진 것에 ○표 하세요.

풀이쓰고

❷ 지난주 요일별 최고 기온의 평균을 구하세요.

(평균) = (최고 기온의 합계) (× , ÷) (조사한 날수)

먼저 계산해야 하는 부분에 ( )를 꼭 해야 해요.

= (_____ + _____ + _____ + _____ + _____) (× , ÷) _____ = _____ (°C)

❸ 요일별 최고 기온과 평균을 비교하세요.

최고 기온이 평균 _____ °C보다 낮은 요일은 (월 , 화 , 수 , 목 , 금)입니다.

❹ 답을 쓰세요. 최고 기온이 평균보다 낮았던 날은 _____입니다.

한번 더 OK

2

인수와 강호가 월별로 읽은 책의 수를 나타낸 표입니다.
강호는 인수보다 한 달에 책을 몇 권 더 많이 읽었다고 볼 수 있는지 구하세요.

인수가 읽은 책의 수

월	3	4	5	6
책 수(권)	30	19	20	23

강호가 읽은 책의 수

월	3	4	5	6
책 수(권)	25	28	25	22

문제읽고

❶ 구하는 것에 밑줄 치고, 주어진 것에 ○표 하세요.

풀이쓰고

❷ 인수와 강호가 한 달에 읽은 책 수의 평균을 각각 구하세요.

(인수가 읽은 책 수의 평균) = _____ = _____ (권)

(강호가 읽은 책 수의 평균) = _____ = _____ (권)

❸ 한 달에 읽은 평균 책 수의 차를 구하세요.

(강호 평균) − (인수 평균) = _____ = _____ (권)

❹ 답을 쓰세요. 강호가 한 달에 책을 _____ 더 많이 읽었다고 볼 수 있습니다.

3 현석이의 단원평가 평균 점수가 85점일 때, 수학 점수를 구하세요.

현석이의 단원평가 점수

과목	국어	영어	수학	사회	과학
점수(점)	86	80		74	92

문제읽고 ❶ 구하는 것에 밑줄 치고, 주어진 것에 ○표 하세요.

풀이쓰고 ❷ 5과목 단원평가 점수의 합계를 구하세요.

(단원평가 점수의 합계) = (평균) (× , ÷) (과목 수)

= .... (× , ÷) .... = ... (점)

❸ 수학 점수를 구하세요.

(수학 점수) = (단원평가 점수의 합계) (+ , -) (수학을 제외한 4과목 점수의 합계)

= .... (+ , -) (___ + ___ + ___ + ___) = ... (점)

❹ 답을 쓰세요.　수학 점수는 .... 입니다.

4 진우네 가족과 수지네 가족의 나이입니다.
두 가족의 평균 나이가 같을 때, 수지 언니의 나이를 구하세요.

진우네 가족의 나이

가족	아버지	어머니	진우
나이(살)	39	39	12

수지네 가족의 나이

가족	아버지	어머니	언니	수지
나이(살)	48	45		12

문제읽고 ❶ 구하는 것에 밑줄 치고, 주어진 것에 ○표 하세요.

풀이쓰고 ❷ 수지네 가족의 평균 나이를 구하세요.

(수지네 평균 나이) = (진우네 평균 나이) = ... = ... (살)

❸ 수지 언니의 나이를 구하세요.

(수지네 가족의 나이 합계) = (수지네 평균 나이) (× , ÷) (가족 수)

= .... = ... (살)

(수지 언니의 나이) = (수지네 가족의 나이 합계) (+ , -) (언니를 뺀 가족의 나이 합계)

= .... = ... (살)

❹ 답을 쓰세요.　수지 언니의 나이는 .... 입니다.

1 성주네 모둠 학생들의 몸무게를 나타낸 표입니다. 성주네 모둠 학생 중에서 몸무게가 평균보다 무거운 학생은 몇 명인지 구하세요.

문제읽기 CHECK

☐ 구하는 것에 밑줄, 주어진 것에 ○표!

☐ 모둠의 학생 수는?
.... 명

학생별 몸무게

이름	성주	혜경	지연	규현
몸무게(kg)	42	40	37	25

풀이 (몸무게의 평균) = (몸무게의 합계) (× , ÷) (학생 수)

= ....

= .... (kg)

따라서 몸무게가 평균 .... kg보다 무거운 학생은

....으로 .... 명입니다.

답 ....

2 현우와 수민이가 쓰러뜨린 볼링 핀의 수를 나타낸 표입니다. 현우와 수민이 중에서 볼링 핀 쓰러뜨리기를 누가 더 잘했다고 볼 수 있나요?

문제읽기 CHECK

☐ 구하는 것에 밑줄, 주어진 것에 ○표!

☐ 누가 더 잘했는지 비교하려면?
현우와 수민이가 쓰러뜨린 볼링 핀 수의
(합계 , 평균)을 비교한다.

현우가 쓰러뜨린 볼링 핀의 수

회	쓰러뜨린 수(개)
1회	8
2회	10
3회	4
4회	6
5회	7

수민이가 쓰러뜨린 볼링 핀의 수

회	쓰러뜨린 수(개)
1회	6
2회	9
3회	8
4회	9

풀이 ❶ 현우와 수민이가 쓰러뜨린 볼링 핀 수의 평균을 각각 구하세요.

❷ 현우와 수민이 중에서 누가 더 잘했다고 볼 수 있는지 쓰세요.

답 ....

3 마을별 쌀 생산량을 나타낸 표입니다. 쌀 생산량의 평균이 458 kg일 때, 다 마을의 쌀 생산량을 구하세요.

마을별 쌀 생산량

마을	가	나	다	라	마
생산량(kg)	472	360		513	415

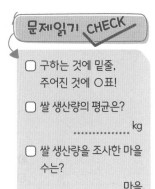

문제읽기 CHECK

☐ 구하는 것에 밑줄, 주어진 것에 ○표!

☐ 쌀 생산량의 평균은?
.... kg

☐ 쌀 생산량을 조사한 마을 수는?
.... 마을

풀이 ❶ 쌀 생산량의 합계를 구하세요.

❷ 다 마을의 쌀 생산량을 구하세요.

 답 ....

도전!

4 드론 동호회 회원 5명의 나이를 나타낸 표입니다. 새로운 회원이 한 명 더 들어와서 평균 나이가 1살 낮아졌습니다. 새로운 회원의 나이를 구하세요.

드론 동호회 회원별 나이

이름	소은	도현	하준	종원	유민
나이(살)	12	15	21	18	24

문제읽기 CHECK

☐ 구하는 것에 밑줄, 주어진 것에 ○표!

☐ 새로운 회원이 들어왔을 때의 평균 나이는?
(기존 회원의 평균 나이)
(+ , −) 1살

☐ 새로운 회원이 들어온 후 회원 수는?
.... 명

풀이 ❶ 새로운 회원이 들어오기 전 동호회 회원의 평균 나이를 구하세요.

❷ 새로운 회원이 들어온 후 동호회 회원의 평균 나이를 구하세요.

❸ 새로운 회원의 나이를 구하세요.

 답 ....

일이 일어날 가능성

1

5개의 구슬에 2, 4, 6, 8, 10의 수를 각각 1개씩 적은 다음 주머니에 넣었습니다.
이 주머니에서 1개의 구슬을 꺼냈을 때,
구슬에 적혀 있는 수가 홀수일 가능성을 수로 표현하세요.

문제읽고

❶ 구하는 것에 밑줄 치고, 주어진 것에 ○표 하세요.
❷ 주머니에 들어 있는 구슬을 모두 찾아 ○표 하세요.

(1 , ②, 3 , ④, 5 , ⑥, 7 , ⑧, 9 , ⑩)

풀이쓰고

❸ 홀수가 적혀 있는 구슬을 꺼낼 가능성을 수로 표현하세요.

　주머니 속에는 홀수가 적혀 있는 구슬이 (**없으므로** , 있으므로)

　홀수가 적혀 있는 구슬을 꺼낼 가능성은 (**불가능하다** , 반반이다 , 확실하다)입니다.

　따라서 수로 표현하면 (o , $\frac{1}{2}$, 1)입니다.

❹ 답을 쓰세요.　홀수가 적혀 있는 구슬을 꺼낼 가능성을 수로 표현하면 ....입니다.

2

주머니에 흰색 바둑돌과 검은색 바둑돌이 4개씩 있습니다.
주머니에서 바둑돌을 한 개 꺼냈을 때,
꺼낸 바둑돌이 흰색일 가능성을 수로 표현하세요.

문제읽고

❶ 무엇을 구하는 문제인가요? 구하는 것에 밑줄 치세요.
❷ 주어진 것은 무엇인가요? ○표 하고 답하세요.

　흰색 바둑돌 수 : ....개, 검은색 바둑돌 수 : ....개, 전체 바둑돌 수 : ....개

풀이쓰고

❸ 꺼낸 바둑돌이 흰색일 가능성을 수로 표현하세요.

　주머니에 들어 있는 흰색 바둑돌은 ....개 중 ....개이므로

　꺼낸 바둑돌이 흰색일 가능성은 (**불가능하다** , 반반이다 , 확실하다)입니다.

　따라서 수로 표현하면 (o , $\frac{1}{2}$, 1)입니다.

❹ 답을 쓰세요.　꺼낸 바둑돌이 흰색일 가능성을 수로 표현하면 ....입니다.

3

회전판을 돌렸을 때,
화살이 파란색에 멈출 <u>가능성이 높은 순서대로 기호를 쓰세요.</u>

가 　나 　다 　라 　마

문제읽고

❶ 무엇을 구하는 문제인가요? 구하는 것에 밑줄 치세요.

풀이쓰고

❷ 화살이 파란색에 멈출 가능성을 말로 표현하세요.

가 : (불가능하다 , ~아닐 것 같다 , 반반이다 , ~일 것 같다 , 확실하다)

나 : ....　　다 : ....

라 : ....　　마 : ....

❸ 답을 쓰세요.　가능성이 높은 순서대로 기호를 쓰면 ....입니다.

4

일이 일어날 가능성이 높은 순서대로 기호를 쓰세요.

ㄱ 내일 해가 서쪽에서 떠서 동쪽으로 질 가능성
ㄴ 오늘이 일요일일 때, 내일이 월요일일 가능성
ㄷ 100원짜리 동전 한 개를 던질 때, 숫자 면이 나올 가능성

문제읽고

❶ 무엇을 구하는 문제인가요? 구하는 것에 밑줄 치세요.

풀이쓰고

❷ 일이 일어날 가능성을 수로 표현하세요.

ㄱ 해는 항상 동쪽에서 떠서 서쪽으로 지므로

해가 서쪽에서 떠서 동쪽으로 질 가능성은 .... ➔ ....입니다.

ㄴ 일요일 다음 날은 항상 월요일이므로

오늘이 일요일일 때, 내일이 월요일일 가능성은 .... ➔ ....입니다.

ㄷ 동전 한 개를 던지면 그림 면이 나오거나 숫자 면이 나오므로

숫자 면이 나올 가능성은 .... ➔ ....입니다.

❸ 답을 쓰세요.　가능성이 높은 순서대로 기호를 쓰면 ....입니다.

1 회전판 돌리기를 하여 화살이 빨간색에 멈추면 사탕을 받고, 초록색에 멈추면 인형을 받습니다. 경은이가 회전판을 한 번 돌렸을 때, 사탕을 받을 가능성을 수로 표현하세요.

문제읽기 CHECK

- 구하는 것에 밑줄, 주어진 것에 ○표!
- 회전판 돌리기를 하여 받는 선물은?
  - 빨간색 ....
  - 초록색 ....
- 회전판의 칸 수는?
  - 전체 ....칸
  - 빨간색 ....칸

풀이 사탕을 받으려면 화살이 (**빨간색** , **초록색**)에 멈추어야 합니다.

빨간색은 전체 6칸 중에서 ....칸이므로

화살이 빨간색에 멈출 가능성은

(**불가능하다** , **반반이다** , **확실하다**)입니다.

따라서 수로 표현하면 (0 , $\frac{1}{2}$, 1)입니다.

답 ....

2 노란색 공 3개와 파란색 공 1개가 들어 있는 주머니에서 공을 한 개 꺼낼 때, 꺼낸 공이 빨간색일 가능성을 수로 표현하세요.

문제읽기 CHECK

- 구하는 것에 밑줄, 주어진 것에 ○표!
- 전체 공의 수는?
  - ....개
- 빨간색 공의 수는?
  - ....개

풀이

답 ....

3 다음과 같이 눈이 그려진 주사위를 한 개 굴렸을 때, 나온 주사위 눈의 수가 홀수가 아닐 가능성을 수로 표현하세요.

문제읽기 CHECK

☐ 구하는 것에 밑줄!

☐ 주사위 눈의 수는?

....

풀이

답

4 준서와 기영이가 수 카드 뽑기 놀이를 하고 있습니다. 1부터 10까지의 수가 적힌 10장의 수 카드 중에서 한 장을 뽑을 때, 일이 일어날 가능성이 낮은 순서대로 기호를 쓰세요.

문제읽기 CHECK

☐ 구하는 것에 밑줄,
주어진 것에 ○표!

☐ ★ 이하인 수는?
★과 같거나 (작은, 큰) 수

☐ ★의 배수는?
★을

....

☐ ★의 약수는?
★을

....

> ㉠ 뽑은 수 카드의 수가 10 이하로 나올 가능성
> ㉡ 뽑은 수 카드의 수가 10의 배수로 나올 가능성
> ㉢ 뽑은 수 카드의 수가 12의 약수로 나올 가능성
> ㉣ 뽑은 수 카드의 수가 10보다 큰 수로 나올 가능성

풀이

답 ....

1 지혜네 학교 5학년의 학급별 학생 수를 나타낸 표입니다. 학급별 학생 수의 평균을 구하세요. **(5점)**

학급별 학생 수

학급(반)	1	2	3	4	5	6
학생 수(명)	24	26	22	25	23	24

풀이

답 ....

2 회전판을 돌렸을 때, 화살이 숫자 4에 멈출 가능성을 수로 표현하세요. **(5점)**

풀이

답 ....

3 오른쪽 전개도를 접어 주사위를 만들었습니다. 주사위를 굴렸을 때, 나온 주사위 눈의 모양이 ♠ 모양일 가능성을 수로 표현하세요. **(5점)**

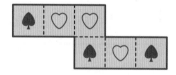

풀이

답 ....

4 건희네 모둠과 예진이네 모둠의 단체 줄넘기 기록입니다. 두 모둠 중에서 어느 모둠이 줄넘기를 더 잘했다고 볼 수 있나요? **(6점)**

건희네 모둠
31번, 20번, 27번, 15번, 32번

예진이네 모둠
29번, 31번, 14번, 26번, 35번

풀이

답 ....

5 일이 일어날 가능성이 높은 순서대로 친구의 이름을 쓰세요. **(7점)**

> 준서 : ○×문제에서 ×라고 답했을 때, 정답을 맞혔을 가능성
> 효은 : 1부터 6까지의 눈이 그려진 주사위 한 개를 굴렸을 때,
>   나온 주사위 눈의 수가 7보다 작을 가능성
> 수아 : 당첨 제비만 5개 들어 있는 제비뽑기 상자에서 제비 1개를 뽑았을 때,
>   뽑은 제비가 당첨 제비가 아닐 가능성

풀이

답 ....

6 3월부터 8월까지 비가 온 날수를 나타낸 표입니다. 6개월 동안 한 달 평균 8일 비가 왔다면 7월에 비가 온 날은 며칠인가요? **(7점)**

월별 비가 온 날수

월	3	4	5	6	7	8
비가 온 날수(일)	8	5	5	7		11

풀이

답 ....

한 달을 단위로 하여 내는 평균

7 어느 회사의 1월부터 4월까지 수입액을 나타낸 표입니다. 5월까지 월평균 수입액이 4월까지 월평균 수입액보다 2억 원 더 많았다면 5월의 수입액은 얼마인지 구하세요. **(8점)**

월별 수입액

월	1	2	3	4
수입액(억 원)	46	39	48	51

풀이

답 ....

8 우리 반은 남학생이 15명, 여학생이 10명입니다. 지난 1년 동안 키가 남학생은 평균 5 cm, 여학생은 평균 10 cm 자랐습니다. 지난 1년 동안 우리 반 학생들이 자란 키의 평균은 몇 cm인지 구하세요. **(8점)**

풀이

답 ....

뚝딱뚝딱 우리 집 짓기

각 블록의 그림자를 찾아 연결해 주세요.

동생이랑 블록으로 '내가 살고 싶은 집'을 만들었어요.
어두운 방에서 블록에 손전등을 비추니 그림자가 생겼네요!
어떤 모양의 그림자인지 맞춰 보세요.

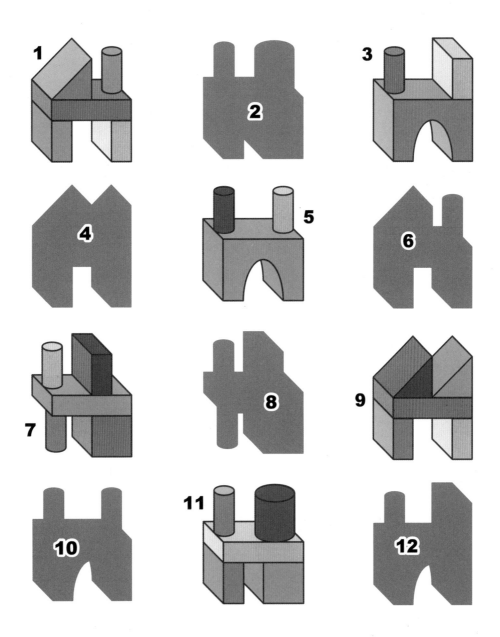

▶ 쉬어가기 정답은 128쪽에 있습니다.

쉬어가기 정답

31쪽

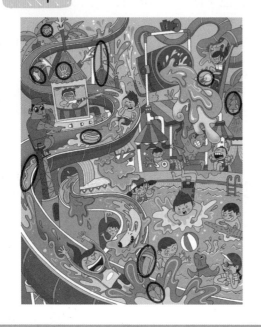

91쪽

55쪽

111쪽

A-4,　B-6,　C-9

D-1,　E-3,　F-7

G-8,　H-5,　I-2

127쪽

1-6,　3-12,　5-10

7-8,　9-4,　11-2

71쪽

4

수고하셨습니다.
11권으로
올라갈까요?

10권 끝!
11권에서 만나요

앗!

본책의 정답과 풀이를 분실하셨나요?
길벗스쿨 홈페이지에 들어오시면
내려받으실 수 있습니다.
http://school.gilbut.co.kr/

기적의 수학 문장제 !

정답 풀이 ?

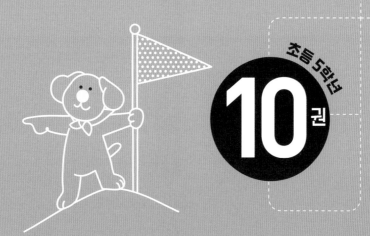

초등 5학년
10권

차례

정답과 풀이

스피드 정답

스피드 정답은 각 문제의 정답만을 모아 놓아 채점하기에 유용합니다.

1 DAY 14~15쪽

1

2 (1) 25, 27.5 (2) 3, 4, 5, 6 (3) 13

3 (1) 초과, 이하 (2) 이상, 미만

4 (1) 올림 (2) 버림 (3) 반올림

5 660, 700 / 8020, 8100

6 240, 200 / 1900, 1900

7 170, 200 / 5990, 6000

2 DAY 16~17쪽

1 ❷ 60과 같거나 큰 수 / (표) 85, 60, 66, 72에 ○표
  ❸ 60 / 60점인 민하, 66점인 우진, 72점인 슬기 ❹ 4명

2 ❷ 18보다 작은 수 / (표) 17.0, 17.8, 16.9에 ○표
  ❸ 미만 / 17.0초인 동하, 17.8초인 지연, 16.9초인 석호 ❹ 3명

3 ❷ 5 ❸ 2 초과 5 이하 ❹ 6000원

4 ❷ (표) 35.5에 ○표 / 34, 36 / 밴텀급 ❸ 36.0 kg인 시경, 34.1 kg인 형철
  ❹ 밴텀급 / 시경, 형철

18~19쪽

1 가, 라 CHECK ☐ 2 m 미만 ☐ 안 된다

2 3명 CHECK ☐ 안 된다 ☐ 된다

3 35, 37 CHECK ☐ 3, 5, 7, 9

4 12000원 CHECK ☐ 1500, 2500, 4000, 0

3 DAY 20~21쪽

1 ❷ 올려서 ❸ 3000, 2020 ❹ 3000, −, 2020, 980 ❺ 980

2 ❷ 0, 1, 2, 3, 4 / 5, 6, 7, 8, 9
  ❸ 3, 버림, 1.27 / 7, 올림, 1.3 / 1.3−1.27, 0.03 ❹ 0.03 km

3 ❷ 42000 ❸ 0, 999 / 42000, 42999 ❹ 42999명

4 ❷ 버림, 올림 ❸ ㉠ 5 이상, 165 ㉡ 5 미만, 175 ❹ 165 이상 175 미만

22~23쪽

1 3 cm CHECK ☐ 147.5 ☐ ① 일 ② 십

2 9500 CHECK ☐ 큰 ☐ 반올림

3 330명 초과 340명 이하 CHECK ☐ 340

4 549개 CHECK ☐ 500

24~25쪽

1 ❷ 버림 ❸ 버림, 840, 84 ❹ 84상자

2 ❷ 올림 ❸ 올림, 280, 28 ❹ 28척

3 ❷ 반올림 ❸ 20.5+12.7, 33.2 ❹ 반올림, 33 ❺ 33 km

4 ❷ 올림 ❸ 100, 8.3 / 일, 9, 9 ❹ 9 m

다른풀이 ❸ 100 / 백, 900 / 900, 9

26~27쪽

1 600 g CHECK ☐ 520 ☐ 100

2 24장 CHECK ☐ 18600 ☐ 4700 ☐ 1000

3 285만 원 CHECK ☐ 951 ☐ 10 ☐ 3

4 대형마트 CHECK ☐ 1 또는 낱, 300 ☐ 10, 2500 ☐ 100, 24000

28~30쪽

1 진주, 승우, 동철 **2** 21000원 **3** 125봉지

4 3일 **5** 400 **6** 375000명 이상 385000명 미만

7 4000원 **8** 51명 이상 60명 이하

34~35쪽

1 3, 6

2 (1) $\dfrac{5}{8} \times 6 = \dfrac{\boxed{5} \times \boxed{6}}{8} = \dfrac{\overset{\boxed{15}}{\cancel{30}}}{\underset{\boxed{4}}{8}} = \dfrac{\boxed{15}}{4} = \boxed{3}\dfrac{\boxed{3}}{4}$

(2) $2\dfrac{1}{6} \times 4 = \dfrac{\boxed{13}}{\underset{\boxed{3}}{\cancel{6}}} \times \overset{\boxed{2}}{\cancel{4}} = \dfrac{\boxed{26}}{3} = \boxed{8}\dfrac{\boxed{2}}{3}$

3 (1) $\overset{\boxed{5}}{\cancel{15}} \times \dfrac{7}{\underset{\boxed{3}}{\cancel{9}}} = \dfrac{\boxed{5} \times 7}{3} = \dfrac{\boxed{35}}{3} = \boxed{11}\dfrac{\boxed{2}}{3}$

(2) $12 \times 1\dfrac{3}{8} = \overset{\boxed{3}}{\cancel{12}} \times \dfrac{\boxed{11}}{\underset{\boxed{2}}{\cancel{8}}} = \dfrac{\boxed{33}}{2} = \boxed{16}\dfrac{\boxed{1}}{2}$

4 (1) 15 (2) $1\dfrac{2}{5}$ (3) $19\dfrac{1}{2}$ (4) $4\dfrac{2}{7}$

5 방법1 (왼쪽에서부터) 3, 1, $\dfrac{5}{21}$ 방법2 (왼쪽에서부터) 3, 1, $\dfrac{5}{21}$

6 (위에서부터) $\dfrac{5}{16}$, $\dfrac{16}{35}$, $\dfrac{2}{5}$, $\dfrac{5}{14}$

7 (1) 4 (2) $1\dfrac{7}{8}$ (3) $1\dfrac{3}{4}$ (4) $9\dfrac{3}{4}$

8 (1) $\dfrac{20}{81}$ (2) 1 (3) $1\dfrac{9}{10}$ (4) 12

7 DAY

36~37쪽

1 ❷ $\frac{3}{4}$, $\frac{3}{4}$, 8 ❸ × / $\frac{3}{4}$, ×, $\overset{2}{\underset{1}{8}}$, 6 ❹ 6 m

2 ❷ 7, $1\frac{2}{3}$ ❸ ×, $1\frac{2}{3}$ / 7, ×, $1\frac{2}{3}$ / 7 × $\frac{5}{3}$, $11\frac{2}{3}$ ❹ $11\frac{2}{3}$ kg

3 ❷ $2\frac{4}{5}$, $4\frac{2}{7}$ ❸ × / $2\frac{4}{5}$, ×, $4\frac{2}{7}$ / $\frac{\overset{2}{14}}{\underset{1}{5}}$ × $\frac{\overset{6}{30}}{\underset{1}{7}}$, 12 ❹ 12 kg

4 ❷ × / $2\frac{2}{3}$, ×, $1\frac{1}{5}$ / $\frac{8}{\underset{1}{3}}$ × $\frac{\overset{2}{6}}{5}$, $3\frac{1}{5}$ ❸ 12, 3, 12 ❹ 3분 12초

38~39쪽

1 $8\frac{1}{2}$ kg CHECK ☐ $\frac{1}{2}$ ☐ 17

2 $2\frac{1}{4}$ L CHECK ☐ $1\frac{1}{5}$ ☐ $1\frac{7}{8}$

3 14 m² CHECK ☐ $3\frac{3}{7}$ ☐ $1\frac{3}{4}$ ☐ $2\frac{1}{3}$

4 12시 3분 45초 CHECK ☐ $\frac{3}{4}$ ☐ 5

8 DAY

40~41쪽

1 ❷ 100, $\frac{3}{4}$, $\frac{3}{4}$ ❸ ×, $\frac{3}{4}$ / $\overset{25}{100}$, ×, $\frac{3}{\underset{1}{4}}$, 75 ❹ 75개

2 ❷ $1\frac{1}{4}$, $\frac{2}{5}$, $\frac{2}{5}$ ❸ ×, $\frac{2}{5}$ / $1\frac{1}{4}$, ×, $\frac{2}{5}$ / $\frac{5}{\underset{2}{4}}$ × $\frac{\overset{1}{2}}{\underset{1}{5}}$, $\frac{1}{2}$ ❹ $\frac{1}{2}$ m²

3 ❷ $\frac{1}{2}$, $\frac{1}{3}$, $\frac{1}{3}$ ❸ ×, $\frac{1}{3}$ / $\frac{1}{2}$, ×, $\frac{1}{3}$, $\frac{1}{6}$ ❹ $\frac{1}{6}$

4 ❷ $\frac{1}{4}$, $\frac{2}{3}$ ❸ $\overset{6}{24}$ × $\frac{1}{\underset{1}{4}}$, 6 / ×, $\frac{2}{3}$, $\overset{2}{6}$ × $\frac{2}{\underset{1}{3}}$, 4 ❹ 4시간

42~43쪽

1 800 m² CHECK ☐ 900 ☐ 900, $\frac{8}{9}$

2 11 km 250 m CHECK ☐ 18, $\frac{5}{8}$

3 54명 CHECK ☐ 120 ☐ $\frac{3}{4}$ ☐ $\frac{3}{5}$

4 $\frac{2}{7}$ CHECK ☐ $\frac{3}{5}$ ☐ $\frac{2}{3}$ ☐ $\frac{5}{7}$

정답

9 DAY

44~45쪽

1 ❷ 40, $\frac{5}{8}$ ❸ $-$ / $-$, $\frac{5}{8}$, $\frac{3}{8}$ ❹ $\times$, $\frac{3}{8}$ / $\overset{5}{40}\times\frac{3}{\underset{1}{8}}$, 15

❺ 15명

2 ❷ $1\frac{3}{7}$, $\frac{3}{5}$ ❸ $-$ / 1, $-$, $\frac{3}{5}$, $\frac{2}{5}$ ❹ $\times$, $\frac{2}{5}$ / $1\frac{3}{7}\times\frac{2}{5}$, $\frac{\overset{2}{10}}{7}\times\frac{2}{\underset{1}{5}}$, $\frac{4}{7}$

❺ $\frac{4}{7}$ L

3 ❷ $\frac{2}{5}$ / $\frac{2}{5}$, $\frac{3}{5}$ ❸ $\times$, $\frac{2}{3}$ / $\frac{3}{5}\times\frac{2}{3}$, $\frac{2}{5}$ ❹ $\frac{2}{5}$

4 ❷ $\frac{1}{3}$ / $1-\frac{1}{3}$, $\frac{2}{3}$ / $\frac{5}{6}$, $\frac{2}{3}$, $\frac{\overset{1}{5}}{\underset{3}{6}}$, $\frac{5}{9}$ ❸ $\times$, $\frac{5}{9}$ / $\overset{12}{108}\times\frac{5}{\underset{1}{9}}$, 60   ❹ 60개

46~47쪽

1 50개   CHECK ☐ 80 ☐ $\frac{3}{8}$ **2** $2\frac{2}{5}$ L   CHECK ☐ $3\frac{2}{5}$ ☐ 2 ☐ $\frac{5}{9}$

3 $\frac{5}{21}$ CHECK ☐ $\frac{4}{9}$ ☐ $\frac{4}{9}$ ☐ $\frac{3}{7}$ **4** 4쪽   CHECK ☐ 96 ☐ $\frac{5}{6}$ ☐ $\frac{3}{4}$

10 DAY

48~49쪽

1 ❷ 변, 각 / 한 변의 길이, 변의 수   ❸ $\times$ / $2\frac{1}{6}\times3=\frac{13}{\underset{2}{6}}\times\overset{1}{3}=\frac{13}{2}$, $6\frac{1}{2}$

❹ $6\frac{1}{2}$ cm

2 ❷ 네 변의 길이, 한 변의 길이, 4   ❸ $\times$, 4 / $1\frac{2}{7}\times4=\frac{9}{7}\times4=\frac{36}{7}$, $5\frac{1}{7}$

❹ $5\frac{1}{7}$ cm

3 ❷ 가로, 세로   ❸ $\times$ / $8\frac{1}{3}\times24\frac{3}{5}=\frac{\overset{5}{25}}{\underset{1}{3}}\times\frac{\overset{41}{123}}{\underset{1}{5}}$, 205

❹ 205 m²

4 ❷ 한 변의 길이, 한 변의 길이

❸ $\frac{6}{11}$, $\frac{6}{11}$, $2\frac{3}{4}\times2\frac{3}{4}\times\frac{6}{11}=\frac{\overset{1}{11}}{\underset{2}{4}}\times\frac{11}{4}\times\frac{\overset{3}{6}}{\underset{1}{11}}=\frac{33}{8}$, $4\frac{1}{8}$ ❹ $4\frac{1}{8}$ m²

50~51쪽

1 $15\frac{3}{4}$ cm   CHECK ☐ $2\frac{5}{8}$ ☐ 6   **2** 15 cm²   CHECK ☐ $4\frac{1}{6}$ ☐ $3\frac{3}{5}$

3 $2\frac{7}{9}$ m²   CHECK ☐ $3\frac{1}{3}$ ☐ 4, 1   **4** ㉮   CHECK ☐ $3\frac{1}{5}$ ☐ $4\frac{3}{8}$, $2\frac{3}{14}$

11 DAY

52~54쪽

1 33개   **2** $\frac{3}{7}$ L   **3** $12\frac{1}{5}$ L   **4** $4\frac{4}{5}$ m²

5 3분 30초   **6** $11\frac{1}{4}$ **7** $\frac{1}{24}$ **8** 12장

12 DAY

58~59쪽

1 나, 라

2 (왼쪽에서부터) ㅁ, ㄷ / ㅁㅂ, ㄴㄷ / ㅁㅂㅅ, ㄹㄷㄴ

3 (1) 6 cm (2) 45°

4 (1) 나, 다, 마 (2) 가, 라, 마

5 (위에서부터) 7, 110, 4

6 (1) 10 cm (2) 30° (3) 4 cm

13 DAY

60~61쪽

1 ❷ 더합니다 ❸ 같으므로 / 8, ㄱㄴ, 5
❹ 6+8+5+4, 23 ❺ 23 cm

2 ❷ 대응변 / ㅁㅂ, 12, 37 ❸ 37−16−12, 9 ❹ 9 cm

3 ❷ 360 ❸ 같으므로 / ㄴㄷㄹ, 95 / ㄹㄱㄴ, 120
❹ 360°−95°−60°−120°, 85 ❺ 85°

4 ❷ 180 ❸ 대응각 / ㄱㄴㄷ, 110
❹ 180°−40°−110°, 30 ❺ 30°

62~63쪽

1 6 cm CHECK ☐ 28 ☐ 8, 10, 4

2 55° CHECK ☐ 같다 ☐ 90, 35

3 50° CHECK ☐ 합동 ☐ 90 ☐ 115

4 8 cm CHECK ☐ ㅁㄷ ☐ 12, 5, 13

14 DAY

64~65쪽

1 ❷ ㄷㄴㄹ, 30 ❸ 180°−35°−30°, 115 ❹ 115°

2 ❷ ㅁㄹㄷ, 145 ❸ 360°−90°−145°−50°, 75 ❹ 75°

3 ❷ ㄱㄴ, 7 / ㅂㅁ, 6 / ㄹㄷ, 8 ❸ 7+6+8+8+6+7, 42 ❹ 42 cm

4 ❷ ㅇㅂ, 3 / 7−3, 4 ❸ 2 / 5, 7, 4, 2, 32 ❹ 32 cm

66~67쪽

1 45° CHECK ☐ 80, 125, 110

2 110° CHECK ☐ 점대칭도형 ☐ 30, 40

3 8 cm CHECK ☐ 선대칭도형 ☐ 40 ☐ 12

4 26 cm CHECK ☐ 점대칭도형 ☐ 5, 6, 2

15 DAY 68~70쪽

1 95° **2** 36 cm **3** 60° **4** 0, 1, 8
5 21 cm **6** 120° **7** 6 cm **8** 44 cm

16 DAY 74~75쪽

1 (1) 3.6 (2) 0.8 (3) 0.56

2 (1) 35, 35, 175, 17.5   (2) $6 \times \dfrac{9}{10} = \dfrac{6 \times 9}{10} = \dfrac{54}{10} = 5.4$

(3) $\dfrac{17}{10} \times \dfrac{3}{10} = \dfrac{17 \times 3}{10 \times 10} = \dfrac{51}{100} = 0.51$

3 (1) $\dfrac{1}{10}$, 3.2 (2) $\dfrac{1}{100}$, 0.27

4 (1) 1.96 (2) 4.2 (3) 0.12 (4) 40.18

5 4, 0.52

6 (1) 6.7, 67, 670 / 오른쪽 (2) 67, 6.7, 0.67 / 왼쪽

7 (1) 24.48 (2) 244.8 (3) 24.48 (4) 2448

17 DAY 76~77쪽

1 ❷ 7.7, 7 ❸ × / 7.7, ×, 7, 53.9 ❹ 53.9 g
2 ❷ 2, 2, 0.38 ❸ 0.38, 30 / 0.38×30, 11.4 ❹ 11.4 L
　다른 풀이 ❷ 30, 30, 60 ❸ 60, 60, 11.4
3 ❷ 0.4, 반 ❸ 3.5 ❹ × / 0.4×3.5, 1.4 ❺ 1.4 km
4 ❷ 6, 45 ❸ 45, 3, 75, 0.75 ❹ × / 0.75×6, 4.5 ❺ 4.5시간

78~79쪽

1 11.25 kg CHECK ☐2.5 ☐4.5 **2** 1.6 m² CHECK ☐m ☐cm ☐m²
3 72 km CHECK ☐60 ☐1, 12 **4** 4개 CHECK ☐0.34 ☐9

18 DAY 80~81쪽

1 ❷ 42, 2.36 ❸ × / 42, ×, 2.36, 99.12 ❹ 99.12 kg
2 ❷ 0.6, 1.618 ❸ ×, 1.618 / 0.6×1.618, 0.9708 ❹ 0.9708 m
3 ❷ 0.3, 0.44 ❸ 0.44 / ×, 0.44, 0.132 ❹ 0.132 kg
4 ❷ 175, 0.8 / 1.1 ❸ 0.8, 175×0.8, 140 / 1.1, 140×1.1, 154
　❹ 154 cm

82~83쪽

1 17.8달러 CHECK ☐0.89 ☐20000 **2** 1.08 m CHECK ☐1, 20 ☐0.9
3 7.28 kg CHECK ☐0.4 ☐0.7 ☐26 **4** 45.6 kg CHECK ☐38 ☐0.2

19 DAY

84~85쪽

1 ❷ 0.16, 0.32, 18   ❸ × / 0.32×18, 5.76
    ❹ + / 0.16+5.76, 5.92   ❺ 5.92 kg

2 ❷ 4.8, 900, 5000   ❸ × / 4.8×900, 4320
    ❹ − / 5000−4320, 680   ❺ 680원

3 ❷ 4, 3.9, 3   ❸ 1.6×4, 6.4 / 3.9×3, 11.7
    ❹ + / 6.4+11.7, 18.1   ❺ 18.1 km

4 ❷ 7, 7×1.5, 10.5 / 6.4, 6.4×1.5, 9.6   ❸ 10.5×9.6, 100.8
    ❹ 100.8 m²

86~87쪽

1 107.8 L   CHECK ☐ 22.5 ☐ 5 ☐ 4.7

2 38.9 kg   CHECK ☐ 41 ☐ 0.9, 무겁다

3 45.7 cm   CHECK ☐ 8.2, 6 ☐ 0.7

4 0.36 m   CHECK ☐ 0.4 ☐ 0.08 ☐ 분

20 DAY

88~90쪽

1 5.6 L   **2** 8.1 m²   **3** 29.1위안   **4** 5.04 m²
5 8.75 L   **6** 0.882 kg   **7** 31.6 L   **8** 호균, 3.8 cm

21 DAY

94~95쪽

1 (2) 정사각형 6개

2 (위에서부터) 꼭짓점, 면, 모서리

3 (1)   (2) 면 ㄱㄴㄷㄹ, 면 ㄴㅂㅅㄷ, 면 ㅁㅂㅅㅇ, 면 ㄱㅁㅇㄹ

4 (1) 4   (2) (왼쪽에서부터) 6, 4, 3

5 3, 3, 9, 3, 7, 1

6 (1) 면 바   (2) 면 가, 면 다, 면 마, 면 바

7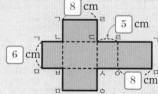

22 DAY

96~97쪽

1 ❷ 직사각형　　❸ 아니오, 예
　❹ 직육면체가 아닙니다 / 예 직사각형 6개로 둘러싸인 도형인데, 사다리꼴 4개와 직사 각형 2개로 둘러싸인 도형이기

2 ❷ 정사각형　　❸ 아니오, 없기
　❹ 없습니다 / 예 직사각형으로 둘러싸인 도형이고, 직사각형은 정사각형이라고 할 수 없기

3 ❷ 실선 / 점선,

　❸ 9, 1 / ㅡ, 9ㅡ1, 8
　❹ 8개

4 ❷ ㅁㅂㅅㅇ,

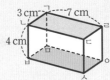

　❸ 2, 7, 2 / 3+7+3+7, 20
　❹ 20 cm

98~99쪽

1 6개　CHECK □

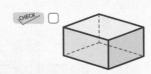

2 26 cm　CHECK □ 8, 5, 3
3 14　　CHECK □ 7　□ 평행한 면　□ 4
4 공통점 예 면의 수가 6개로 같습니다.
　차이점 예 면의 모양이 직육면체는 직사각형이고, 정육면체는 정사각형입니다.
　CHECK □ 정사각형 6개로 둘러싸인

23 DAY

100~101쪽

1 ❷ 12, 같습니다　　❸ 12 / × / 3, ×, 12, 36　❹ 36 m
2 ❷ 4, 3　　❸ 4 / 4, 4, 4, 72　❹ 72 cm
3 ❷ 2, 4 / 2, 2, 4, 78　　❸ 78 cm
4 ❷ 8, 30 / + / 8, +, 30, 118　❸ 118 cm

102~103쪽

1 60 cm　CHECK □ 9
2 137 cm　CHECK □ 25
3 5 cm　CHECK □ ① 12　② 같다　□ 60
4 7 cm　CHECK □ 64　□ 4, 4, 4

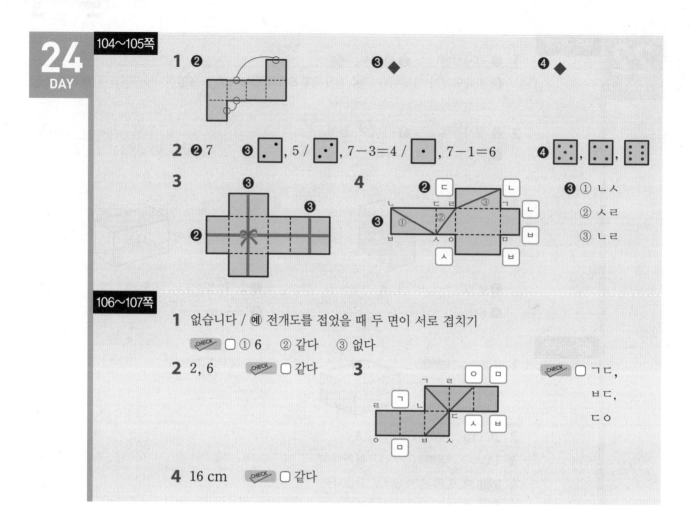

24 DAY

104~105쪽

1 ❷ [도형] ❸ ◆ ❹ ◆

2 ❷ 7 ❸ [주사위], 5 / [주사위], 7−3=4 / [주사위], 7−1=6 ❹ [주사위], [주사위], [주사위]

3 ❸ [전개도] ❷ ❸ **4** ❷ ㄷ, ㄴ / ㄴ, ㄷㄹ, ③ / ①, ②, ㄱ, ㄴ / ㅂ, ㅅㅇ, ㅁ, ㅂ / ㅅ ❸ ① ㄴㅅ ② ㅅㄹ ③ ㄴㄹ

106~107쪽

1 없습니다 / 예 전개도를 접었을 때 두 면이 서로 겹치기

CHECK ☐ ① 6 ② 같다 ③ 없다

2 2, 6 CHECK ☐ 같다 **3** [전개도 그림] CHECK ☐ ㄱㄷ, ㅂㄷ, ㄷㅇ

4 16 cm CHECK ☐ 같다

25 DAY

108~110쪽

1 6개 **2** ㄷ / 한 꼭짓점에서 만나는 면은 모두 3개입니다.

3 면 ㄱㄴㄷㄹ, 면 ㄴㅂㅅㄷ, 면 ㅁㅂㅅㅇ, 면 ㄱㅁㅇㄹ / 4개

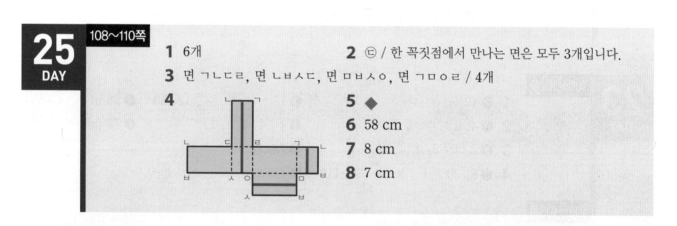

4 [전개도 그림] **5** ◆ **6** 58 cm **7** 8 cm **8** 7 cm

26 DAY

114~115쪽

1 (1) 21+12+23+22+25+30+28, 161 / 7 / 161, 7, 23

(2) 19, 22, 20, 21, 23, 5 / 105, 5, 21 (3) 147 (4) 19

2 ~아닐 것 같다, 확실하다

3 ㄷ, ㄱ, ㅁ, ㄴ, ㄹ

4 (1) 반반이다, $\frac{1}{2}$ (2) 불가능하다, 0 (3) 확실하다, 1

27 DAY

116~117쪽

1 ❷ ÷ / 10, 12, 6, 8, 4, ÷, 5, 8　　　❸ 8 / 수, 금　　　❹ 2일
2 ❷ (30＋19＋20＋23)÷4, 23 / (25＋28＋25＋22)÷4, 25
　❸ 25－23, 2　　　　❹ 2권
3 ❷ × / 85, ×, 5, 425　　　❸ － / 425, －, 86, 80, 74, 92, 93　　　❹ 93점
4 ❷ (39＋39＋12)÷3, 30　　❸ ×, 30×4, 120 / －, 120－(48＋45＋12), 15
　❹ 15살

118~119쪽

1 3명　　　CHECK ▢ 4
2 수민　　　CHECK ▢ 평균
3 530 kg　　CHECK ▢ 458 ▢ 5
4 12살　　　CHECK ▢ － ▢ 6

28 DAY

120~121쪽

1 ❷ (① , ② , ③ , ④ , ⑤ , ⑥ , ⑦ , ⑧ , ⑨ , ⑩)
　❸ 없으므로, 불가능하다, 0　❹ 0
2 ❷ 4, 4, 8　　　　❸ 8, 4, 반반이다, $\frac{1}{2}$　　　❹ $\frac{1}{2}$
3 ❷ 불가능하다, ~일 것 같다, 반반이다, ~아닐 것 같다, 확실하다
　❸ 마, 나, 다, 라, 가
4 ❷ ㉠ 불가능하다, 0　㉡ 확실하다, 1　㉢ 반반이다, $\frac{1}{2}$　　　❸ ㉡, ㉢, ㉠

122~123쪽

1 $\frac{1}{2}$　　　CHECK ▢ 사탕, 인형 ▢ 6, 3
2 0　　　CHECK ▢ 4 ▢ 0
3 $\frac{1}{2}$　　　CHECK ▢ 1, 2, 3, 4, 5, 6
4 ㉣, ㉡, ㉢, ㉠　　　CHECK ▢ 작은 ▢ 1배, 2배, 3배……한 수 ▢ 나누어떨어지게 하는 수

29 DAY

124~126쪽

1 24명　　　2 0　　　3 $\frac{1}{2}$　　　4 예진이네 모둠
5 효은, 준서, 수아　　6 12일　　　7 56억 원　　　8 7 cm

자세한 풀이

1. 수의 범위와 어림하기

*개념 확인하기, 대표 문장제 익히기 정답은
 스피드 정답 2~3쪽에 있습니다.

2 DAY
18~19쪽

1 2 미만인 수는
(2보다 작은 수 , 2와 같거나 작은 수)이므로
높이가 2 m보다 낮은 자동차를 모두 찾으면
1.7 m인 가 , 1.5 m인 라 입니다.

답 가, 라

2 ❶ 40권 초과 60권 이하
❷ 읽은 책의 수가 40권보다 많고 60권과 같거나
적은 사람을 찾으면
51권인 동욱, 48권인 예림, 60권인 수아입니다.
따라서 은장을 받을 수 있는 학생은 3명입니다.

답 3명

3 ❶ 33보다 크고 43보다 작은 홀수는
35, 37, 39, 41입니다.
❷ 30과 같거나 크고 37과 같거나 작은 수는
30, 31, 32, 33, 34, 35, 36, 37입니다.
❸ 두 조건을 모두 만족하는 수는 35, 37입니다.

답 35, 37

4 65세 할머니 : 65세 이상이므로 무료
45세 아버지, 43세 어머니 : 성인으로 4000원
15세 오빠 : 청소년으로 2500원
12세 영서 : 어린이로 1500원
(전체 입장료)=(할머니)+(부모님)+(오빠)+(영서)
=4000×2+2500+1500
=12000(원)

답 12000원

3 DAY
22~23쪽

1 147.5 cm를 버림하여 일의 자리까지 나타내면
147 cm이고
147.5 cm를 올림하여 십의 자리까지 나타내면
150 cm입니다.
➔ (어림한 두 수의 차)= 150−147
= 3 (cm)

답 3 cm

2 ❶ 큰 수부터 차례로 쓰면 9542입니다.
❷ 9542의 십의 자리 숫자가 4이므로 버림하면
9500입니다.

답 9500

3 올림하여 십의 자리까지 나타내면 340이 되는 자
연수는 331부터 340까지입니다.
따라서 서준이네 학교 학생 수의 범위는
330명 초과 340명 이하입니다.

답 330명 초과 340명 이하

참고 서준이네 학교 학생 수의 범위를 331명 이상 341명 미
만이라고 할 수도 있습니다.

4 ❶ 반올림하여 백의 자리까지 나타내면 500이 되
는 자연수는 450부터 549까지이므로
마라톤 대회에 참가한 사람 수의 범위는
450명부터 549명까지입니다.

다른 풀이 ㉠ 십의 자리 숫자를 올림하여 500이 되는 수
➔ 500과 같거나 작으면서 십의 자리 숫자가
5 이상이므로 450 이상입니다.
㉡ 십의 자리 숫자를 버림하여 500이 되는 수
➔ 500과 같거나 크면서 십의 자리 숫자가
5 미만이므로 550 미만입니다.
따라서 마라톤 대회에 참가한 사람 수의 범위는
450명 이상 550명 미만입니다.

❷ 기념품의 수가 모자라지 않으려면
참가한 사람 수가 가장 많을 때를 생각해야 하므
로 기념품을 최소 549개 준비해야 합니다.

답 549개

1 밀가루를 100 g 단위로 판매하므로
520을 ((올림) , 버림 , 반올림)하여 백의 자리까지
나타내면 ......600...... 입니다.
따라서 밀가루를 최소 ......600...... g 사야 합니다.

답 600 g

2 ❶ (물건값)＝(축구공 값)＋(줄넘기 값)
＝18600＋4700
＝23300(원)
❷ 23300을 올림하여 천의 자리까지 나타내면
24000입니다.
따라서 1000원짜리 지폐를 최소 24장 내야 합
니다.

답 24장

3 ❶ 쌀 951 kg을 한 봉지에 10 kg씩 담아서 팔려
고 하므로 951을 버림하여 십의 자리까지 나타
내면 950입니다.
따라서 팔 수 있는 쌀은 최대 95봉지입니다.
❷ 3만 원씩 95봉지를 팔아서 받을 수 있는 돈은
최대 3만×95＝285만 (원)입니다.

답 285만 원

4 ❶ [문구점]
300원씩 185권
➜ 300×185＝55500(원)
[대형마트]
185를 올림하여 십의 자리까지 나타내면 190
이므로 10권씩 묶음 19개를 사야 합니다.
➜ 2500×19＝47500(원)
[공장]
185를 올림하여 백의 자리까지 나타내면 200
이므로 100권씩 묶음 2개를 사야 합니다.
➜ 24000×2＝48000(원)
❷ 47500원＜48000원＜55500원이므로
필요한 돈이 가장 적은 곳은 대형마트입니다.

답 대형마트

1 ❶ 140 초과인 수는 140보다 큰 수입니다.
❷ 따라서 키가 140 cm보다 큰 사람을 찾으면
140.5 cm인 진주, 153.0 cm인 승우,
148.1 cm인 동철입니다.

답 진주, 승우, 동철

채점기준	
❶ 140 초과인 수가 어떤 수인지 알면	2점
❷ 놀이 기구를 탈 수 있는 학생을 모두 찾으면	3점
	5점

2 ❶ 1000원보다 적은 돈은
1000원짜리 지폐로 바꿀 수 없으므로
21950을 버림하여 천의 자리까지 나타내면
❷ 21000입니다.
따라서 1000원짜리 지폐로 최대 21000원까지
바꿀 수 있습니다.

답 21000원

채점기준	
❶ 버림하여 천의 자리까지 나타내야 함을 알면	2점
❷ 지폐로 최대 얼마까지 바꿀 수 있는지 구하면	3점
	5점

3 ❶ 쿠키 1254개를 한 봉지에 10개씩 담아서 팔아
야 하므로 1254를 버림하여 십의 자리까지 나
타내면 1250입니다.
❷ 따라서 쿠키는 최대 125봉지까지 팔 수 있습니다.

답 125봉지

채점기준	
❶ 쿠키의 수를 버림하여 십의 자리까지 나타내면	2점
❷ 최대 몇 봉지를 팔 수 있는지 구하면	3점
	5점

4 ❶ 초미세 먼지 농도가 '보통'일 때
농도 범위는 16 이상 35 이하입니다.
❷ 초미세 먼지 농도가 16 이상 35 이하인 날을 찾
으면 35인 화요일, 24인 수요일, 16인 일요일
이므로
❸ 3일입니다.

답 3일

❶ 초미세 먼지 농도가 보통일 때 농도 범위를 구하면 ········ 2점
❷ 초미세 먼지 농도가 ❶의 범위인 날을 찾으면 ········ 3점
❸ 초미세 먼지 농도가 보통인 날이 며칠이었는지 구하면 ········ 1점

6점

참고 초미세 먼지 기준표에 따라 상태를 분류하면
월요일–나쁨, 화요일–보통, 수요일–보통,
목요일–좋음, 금요일–좋음, 토요일–좋음,
일요일–보통입니다.

5

❶ 8604를 반올림하여 천의 자리까지 나타내면
9000이고
❷ 8604를 버림하여 백의 자리까지 나타내면
8600입니다.
❸ 따라서 두 수의 차는
$9000-8600=400$입니다.

답 400

❶ 8604를 반올림하여 천의 자리까지 나타내면 ········ 2점
❷ 8604를 버림하여 백의 자리까지 나타내면 ········ 2점
❸ ❶과 ❷의 차를 구하면 ········ 2점

6점

6

❶ 반올림하여 만의 자리까지 나타내면 380000이
되는 자연수는
375000부터 384999까지입니다.
❷ 따라서 인구수는 375000명 이상 385000명 미
만입니다.

답 375000명 이상 385000명 미만

❶ 반올림하여 만의 자리까지 나타내면 380000이 되는
자연수를 구하면 ········ 3점
❷ 인구수의 범위를 이상과 미만으로 나타내면 ········ 3점

6점

7

❶ (필요한 색종이의 수)$=24\times3=72$(장)
❷ 색종이를 부족하지 않도록 사야 하므로
올림하여 80장$=8$묶음을 사야 합니다.
❸ 따라서 색종이를 사려면 최소
$500\times8=4000$(원)이 필요합니다.

답 4000원

❶ 필요한 색종이 수를 구하면 ········ 2점
❷ 색종이를 몇 묶음 사야 하는지 구하면 ········ 3점
❸ 색종이를 사려면 최소 얼마가 필요한지 구하면 ········ 2점

7점

8

❶ 학생이 가장 적을 때
보트 5척에 10명씩 타고, 남은 한 척에 1명이
타면 최소 51명입니다.
❷ 학생이 가장 많을 때
보트 6척에 모두 10명씩 타면 최대 60명입니다.
❸ 따라서 효기네 학교 5학년 학생 수는
51명 이상 60명 이하입니다.

답 51명 이상 60명 이하

❶ 학생이 가장 적을 때 몇 명인지 구하면 ········ 3점
❷ 학생이 가장 많을 때 몇 명인지 구하면 ········ 3점
❸ 학생 수의 범위를 이상과 이하로 나타내면 ········ 2점

8점

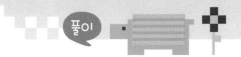

2. 분수의 곱셈

*개념 확인하기, 대표 문장제 익히기 정답은
스피드 정답 3~5쪽에 있습니다.

7
DAY

38~39쪽

1 (필요한 찰흙의 양)

=(한 학생에게 주는 찰흙의 양) (✕, ÷) (학생 수)

$= \dfrac{1}{2} \times 17 = \dfrac{17}{2}$

$= 8\dfrac{1}{2}$ (kg)　　　　답 $8\dfrac{1}{2}$ kg

2 (진수가 마신 물의 양)

=(물 1통의 양)×(마신 물의 통 수)

$= 1\dfrac{1}{5} \times 1\dfrac{7}{8} = \dfrac{\overset{3}{\cancel{6}}}{\underset{1}{\cancel{5}}} \times \dfrac{\overset{3}{\cancel{15}}}{\underset{4}{\cancel{8}}} = \dfrac{9}{4}$

$= 2\dfrac{1}{4}$ (L)　　　　답 $2\dfrac{1}{4}$ L

3 ❶ (텃밭의 넓이)=(꽃밭의 넓이)$\times 1\dfrac{3}{4}$

$= 3\dfrac{3}{7} \times 1\dfrac{3}{4} = \dfrac{\overset{6}{\cancel{24}}}{\underset{1}{\cancel{7}}} \times \dfrac{\overset{1}{\cancel{7}}}{\underset{1}{\cancel{4}}}$

$= 6$ (m²)

❷ (마당의 넓이)=(텃밭의 넓이)$\times 2\dfrac{1}{3}$

$= 6 \times 2\dfrac{1}{3} = \overset{2}{\cancel{6}} \times \dfrac{7}{\underset{1}{\cancel{3}}}$

$= 14$ (m²)　　　　답 14 m²

4 ❶ 5일 후 낮 12시까지는 5일이므로
(5일 동안 빨라지는 시간)

$= \dfrac{3}{4} \times 5 = \dfrac{15}{4} = 3\dfrac{3}{4}$ (분)

❷ $\dfrac{3}{4}$분 ➡ $\overset{15}{\cancel{60}} \times \dfrac{3}{\underset{1}{\cancel{4}}} = 45$(초)이므로

$3\dfrac{3}{4}$분$=3$분$+\dfrac{3}{4}$분$=3$분 45초

❸ 5일 후 낮 12시에 이 시계가 가리키는 시각은
12시보다 3분 45초 빠른 12시 3분 45초입니다.

답 12시 3분 45초

8
DAY

42~43쪽

1 (사과나무를 심은 부분의 넓이)

=(과수원의 넓이)$\times \dfrac{8}{9}$

$= \overset{100}{\cancel{900}} \times \dfrac{8}{\underset{1}{\cancel{9}}}$

$= 800$ (m²)

답 800 m²

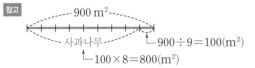

참고

900 m²
사과나무　　　900÷9=100(m²)
100×8=800(m²)

2 ❶ (지하철을 타고 간 거리)

=(할머니 댁까지의 거리)$\times \dfrac{5}{8}$

$= \overset{9}{\cancel{18}} \times \dfrac{5}{\underset{4}{\cancel{8}}} = \dfrac{45}{4} = 11\dfrac{1}{4}$ (km)

❷ $\dfrac{1}{4}$ km ➡ $\overset{250}{\cancel{1000}} \times \dfrac{1}{\underset{1}{\cancel{4}}} = 250$ (m)이므로

$11\dfrac{1}{4}$ km$=11$ km$+\dfrac{1}{4}$ km$=11$ km 250 m

답 11 km 250 m

3 ❶ (수영을 좋아하는 학생 수)

=(전체 학생 수)$\times \dfrac{3}{4}$

$= \overset{30}{\cancel{120}} \times \dfrac{3}{\underset{1}{\cancel{4}}} = 90$(명)

❷ (자유형을 좋아하는 학생 수)

=(수영을 좋아하는 학생 수)$\times \dfrac{3}{5}$

$= \overset{18}{\cancel{90}} \times \dfrac{3}{\underset{1}{\cancel{5}}} = 54$(명)　　답 54명

다른 풀이 자유형을 좋아하는 학생 : 전체 학생의 $\dfrac{3}{4} \times \dfrac{3}{5} = \dfrac{9}{20}$

(자유형을 좋아하는 학생 수)$= \overset{6}{\cancel{120}} \times \dfrac{9}{\underset{1}{\cancel{20}}} = 54$(명)

참고

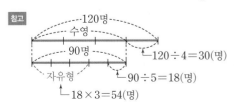

120명
수영
90명
자유형　　120÷4=30(명)
　　　　90÷5=18(명)
18×3=54(명)

4

❶ 텃밭 : 마당의 $\dfrac{3}{5}$

채소 : 텃밭$\left(\dfrac{3}{5}\right)$의 $\dfrac{2}{3}$ ➡ 마당의 $\dfrac{3}{5} \times \dfrac{\overset{1}{2}}{\underset{1}{3}} = \dfrac{2}{5}$

❷ 배추 : 채소$\left(\dfrac{2}{5}\right)$의 $\dfrac{5}{7}$ ➡ 마당의 $\dfrac{2}{5} \times \dfrac{\overset{1}{5}}{7} = \dfrac{2}{7}$

답 $\dfrac{2}{7}$

[다른풀이] 배추를 심은 부분 : 마당의 $\dfrac{\overset{1}{3}}{\underset{1}{5}} \times \dfrac{2}{\underset{1}{3}} \times \dfrac{\overset{1}{5}}{7} = \dfrac{2}{7}$

---

9 DAY 46~47쪽

1 남은 구슬 : 전체의 $1 (+, \ominus)$ $\dfrac{3}{8} = \dfrac{5}{8}$

➡ (남은 구슬의 수)=(전체 구슬의 수)$\times \dfrac{5}{8}$

$= \overset{10}{80} \times \dfrac{5}{\underset{1}{8}}$

$= 50$ (개)

답 50개

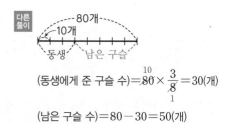

(동생에게 준 구슬 수)=$\overset{10}{80} \times \dfrac{3}{\underset{1}{8}} = 30$(개)

(남은 구슬 수)=$80-30=50$(개)

2 ❶ (수조에 들어 있던 물)
＝(처음 수조에 들어 있던 물)+(더 부은 물)
$= 3\dfrac{2}{5} + 2 = 5\dfrac{2}{5}$ (L)

❷

다이어그램: $\left(3\dfrac{2}{5}+2\right)$L — 청소, 남은 물

남은 물 : 전체의 $1 - \dfrac{5}{9} = \dfrac{4}{9}$

(남은 물)＝(수조에 들어 있던 물)$\times \dfrac{4}{9}$

$= 5\dfrac{2}{5} \times \dfrac{4}{9} = \dfrac{\overset{3}{27}}{5} \times \dfrac{4}{\underset{1}{9}} = \dfrac{12}{5}$

$= 2\dfrac{2}{5}$ (L)

답 $2\dfrac{2}{5}$ L

3

다이어그램: 장난감 — 로봇, 자동차, 버스

❶ 로봇 : 장난감의 $\dfrac{4}{9}$

자동차 : 장난감의 $1 - \dfrac{4}{9} = \dfrac{5}{9}$

❷ 버스 : 자동차$\left(\dfrac{5}{9}\right)$의 $\dfrac{3}{7}$

➡ 장난감의 $\dfrac{5}{\underset{3}{9}} \times \dfrac{\overset{1}{3}}{7} = \dfrac{5}{21}$

답 $\dfrac{5}{21}$

4 ❶ 어제 남은 부분 : 전체의 $1 - \dfrac{5}{6} = \dfrac{1}{6}$

❷ 오늘 읽은 부분 : 어제 남은 부분$\left(\dfrac{1}{6}\right)$의 $\dfrac{3}{4}$

오늘 남은 부분 : 어제 남은 부분$\left(\dfrac{1}{6}\right)$의 $\dfrac{1}{4}$

➡ 전체의 $\dfrac{1}{6} \times \dfrac{1}{4} = \dfrac{1}{24}$

❸ (오늘까지 읽고 남은 쪽수)=(전체 쪽수)$\times \dfrac{1}{24}$

$= \overset{4}{96} \times \dfrac{1}{\underset{1}{24}}$

$= 4$(쪽)

답 4쪽

[다른풀이] (어제까지 읽고 남은 쪽수)

$= 96 \times \left(1 - \dfrac{5}{6}\right) = \overset{16}{96} \times \dfrac{1}{\underset{1}{6}} = 16$(쪽)

(오늘까지 읽고 남은 쪽수)

$= 16 \times \left(1 - \dfrac{3}{4}\right) = \overset{4}{16} \times \dfrac{1}{\underset{1}{4}} = 4$(쪽)

[참고]

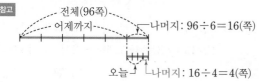

나머지 : $96 \div 6 = 16$(쪽)

나머지 : $16 \div 4 = 4$(쪽)

10 DAY

50~51쪽

1 (정육각형의 둘레)

$=$(한 변의 길이)$\times \underline{6}$

$= 2\dfrac{5}{8} \times 6 = \dfrac{21}{\overset{}{8}} \times \overset{3}{6} = \dfrac{63}{4}$

$= 15\dfrac{3}{4}$ (cm)

답 $15\dfrac{3}{4}$ cm

2 (평행사변형의 넓이)$=$(밑변의 길이)$\times$(높이)

$= 4\dfrac{1}{6} \times 3\dfrac{3}{5} = \dfrac{\overset{5}{25}}{\overset{}{6}} \times \dfrac{\overset{3}{18}}{\overset{}{5}}$

$= 15$ (cm^2)

답 15 cm^2

3 ❶ 정사각형을

똑같이 4로 나눈 것 중의 1이므로 $\dfrac{1}{4}$입니다.

❷ (색칠한 부분의 넓이)

$=$(정사각형의 넓이)$\times \dfrac{1}{4}$

$= 3\dfrac{1}{3} \times 3\dfrac{1}{3} \times \dfrac{1}{4} = \dfrac{\overset{5}{10}}{3} \times \dfrac{\overset{5}{10}}{3} \times \dfrac{1}{\overset{}{\underset{1}{\overset{2}{4}}}} = \dfrac{25}{9}$

$= 2\dfrac{7}{9}$ (m^2)

답 $2\dfrac{7}{9}$ m^2

4 ❶ (㉮의 넓이)$=$(한 변의 길이)$\times$(한 변의 길이)

$= 3\dfrac{1}{5} \times 3\dfrac{1}{5} = \dfrac{16}{5} \times \dfrac{16}{5} = \dfrac{256}{25}$

$= 10\dfrac{6}{25}$ (cm^2)

(㉯의 넓이)$=$(가로)$\times$(세로)

$= 4\dfrac{3}{8} \times 2\dfrac{3}{14} = \dfrac{35}{8} \times \dfrac{\overset{5}{31}}{\overset{}{\underset{2}{14}}} = \dfrac{155}{16}$

$= 9\dfrac{11}{16}$ (cm^2)

❷ $10\dfrac{6}{25} > 9\dfrac{11}{16}$이므로 ㉮가 더 넓습니다.

답 ㉮

11 DAY

52~54쪽

1 ❶ (오빠의 사탕 수)

$=$(나윤이의 사탕 수)$\times 2\dfrac{3}{4}$

$= 12 \times 2\dfrac{3}{4} = \overset{3}{12} \times \dfrac{11}{\overset{}{\underset{1}{4}}}$

❷ $= 33$(개)

답 33개

채점기준

❶ 식을 세우면		2점
❷ 오빠가 가지고 있는 사탕 수를 구하면		3점
		5점

2 ❶ (새롬이가 마신 주스의 양)

$=$(냉장고에 있던 주스의 양)$\times \dfrac{1}{3}$

$= 1\dfrac{2}{7} \times \dfrac{1}{3} = \dfrac{\overset{3}{9}}{7} \times \dfrac{1}{\overset{}{\underset{1}{3}}}$

❷ $= \dfrac{3}{7}$ (L)

답 $\dfrac{3}{7}$ L

채점기준

❶ 식을 세우면		2점
❷ 새롬이가 마신 주스의 양을 구하면		3점
		5점

3 ❶ 남은 기름 : 전체의 $1 - \dfrac{1}{5} = \dfrac{4}{5}$

❷ (남은 기름의 양)

$=$(처음에 들어 있던 기름의 양)$\times \dfrac{4}{5}$

$= 15\dfrac{1}{4} \times \dfrac{4}{5} = \dfrac{61}{\overset{}{\underset{1}{4}}} \times \dfrac{\overset{1}{4}}{5} = \dfrac{61}{5}$

$= 12\dfrac{1}{5}$ (L)

답 $12\dfrac{1}{5}$ L

채점기준

❶ 남은 기름이 전체의 얼마인지 구하면		2점
❷ 남은 기름의 양을 구하면		4점
		6점

다른 풀이 (사용한 기름의 양)$= 15\dfrac{1}{4} \times \dfrac{1}{5} = 3\dfrac{1}{20}$ (L)

(남은 기름의 양)$= 15\dfrac{1}{4} - 3\dfrac{1}{20} = 12\dfrac{1}{5}$ (L)

4 ❶ (사용한 천의 넓이)

$$=(\text{천의 넓이})\times\frac{5}{9}=(\text{가로})\times(\text{세로})\times\frac{5}{9}$$

$$=3\frac{3}{5}\times2\frac{2}{5}\times\frac{5}{9}=\frac{\overset{2}{\cancel{18}}}{5}\times\frac{12}{5}\times\frac{5}{\underset{1}{\cancel{9}}}=\frac{24}{5}$$

❷ $=4\frac{4}{5}\ (\text{m}^2)$

답 $4\frac{4}{5}\ \text{m}^2$

다른풀이 $(\text{천의 넓이})=3\frac{3}{5}\times2\frac{2}{5}=\frac{18}{5}\times\frac{12}{5}=\frac{216}{25}\ (\text{m}^2)$

$(\text{사용한 천의 넓이})=\frac{\overset{24}{\cancel{216}}}{\underset{5}{\cancel{25}}}\times\frac{\overset{1}{\cancel{5}}}{\underset{1}{\cancel{9}}}=\frac{24}{5}=4\frac{4}{5}\ (\text{m}^2)$

5 ❶ (걸리는 시간)

$$=(1\ \text{km를 가는 데 걸리는 시간})\times(\text{가는 거리})$$

$$=5\frac{1}{4}\times\frac{2}{3}=\frac{\overset{7}{\cancel{21}}}{\underset{2}{\cancel{4}}}\times\frac{\overset{1}{\cancel{2}}}{\underset{1}{\cancel{3}}}=\frac{7}{2}$$

$$=3\frac{1}{2}(\text{분})$$

❷ $\frac{1}{2}\text{분}=\left(\overset{30}{\cancel{60}}\times\frac{1}{\underset{1}{\cancel{2}}}\right)\text{초}=30\text{초이므로}$

→ $3\frac{1}{2}\text{분}=3\text{분}+\frac{1}{2}\text{분}=3\text{분 }30\text{초}$

답 3분 30초

6 ❶ 어떤 수를 □라고 하면

$$\square+4\frac{1}{6}=6\frac{13}{15}$$

$$\rightarrow\square=6\frac{13}{15}-4\frac{1}{6}=6\frac{26}{30}-4\frac{5}{30}=2\frac{21}{30}$$

$$=2\frac{7}{10}$$

❷ 바르게 계산하면

$$2\frac{7}{10}\times4\frac{1}{6}=\frac{\overset{9}{\cancel{27}}}{\underset{2}{\cancel{10}}}\times\frac{\overset{5}{\cancel{25}}}{\underset{2}{\cancel{6}}}=\frac{45}{4}=11\frac{1}{4}$$

답 $11\frac{1}{4}$

7 ❶ 남학생 : 전체의 $\frac{1}{2}$

운동을 좋아하는 남학생은

남학생 $\left(\frac{1}{2}\right)$의 $\frac{1}{3}$ → 전체의 $\frac{1}{2}\times\frac{1}{3}=\frac{1}{6}$

❷ 달리기를 좋아하는 남학생은

운동을 좋아하는 남학생 $\left(\frac{1}{6}\right)$의 $\frac{1}{4}$

→ 전체의 $\frac{1}{6}\times\frac{1}{4}=\frac{1}{24}$

답 $\frac{1}{24}$

8 ❶ 어제 사용한 색종이 : 전체의 $\frac{3}{5}$

어제 남은 색종이 : 전체의 $1-\frac{3}{5}=\frac{2}{5}$

오늘 사용한 색종이 : 남은 색종이 $\left(\frac{2}{5}\right)$의 $\frac{1}{3}$

→ 전체의 $\frac{2}{5}\times\frac{1}{3}=\frac{2}{15}$

❷ (오늘 사용한 색종이 수)

$$=(\text{전체 색종이 수})\times\frac{2}{15}$$

$$=\overset{6}{\cancel{90}}\times\frac{2}{\underset{1}{\cancel{15}}}=12(\text{장})$$

답 12장

다른풀이 $(\text{어제 사용한 색종이 수})=\overset{18}{\cancel{90}}\times\frac{3}{\underset{1}{\cancel{5}}}=54(\text{장})$

$(\text{남은 색종이 수})=90-54=36(\text{장})$

$(\text{오늘 사용한 색종이 수})=\overset{12}{\cancel{36}}\times\frac{1}{\underset{1}{\cancel{3}}}=12(\text{장})$

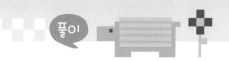

3. 합동과 대칭

*개념 확인하기, 대표 문장제 익히기 정답은
 스피드 정답 6~7쪽에 있습니다.

13 DAY
62~63쪽

1 서로 합동인 두 사각형은
  ..대응변..의 길이가 같으므로
  (변 ㅂㅅ)=(변 ..ㄷㄴ..)= ..10.. cm
  (변 ㅅㅇ)=(변 ..ㄴㄱ..)= ..8.. cm
  (사각형 ㅁㅂㅅㅇ의 둘레)
  =(사각형 ㄱㄴㄷㄹ의 둘레)
  = ..28.. cm
  → (변 ㅁㅇ)
    =(사각형 ㅁㅂㅅㅇ의 둘레)
     −(변 ㅁㅂ)−(변 ㅂㅅ)−(변 ㅅㅇ)
    = ..28−4−10−8..
    = ..6.. (cm)

  답 6 cm

2 ❶ 서로 합동인 두 삼각형은
     대응각의 크기가 같으므로
     (각 ㄹㄴㄷ)=(각 ㄱㄷㄴ)=35°
   ❷ 삼각형 ㄹㄷㄴ에서
     (각 ㄹㄷㄴ)
     =(삼각형의 세 각의 크기의 합)
      −(각 ㄹㄴㄷ)−(각 ㄴㄹㄷ)
     =180°−35°−90°
     =55°

  답 55°

3 ❶ 직사각형의 네 각의 크기는 모두 90°이므로
     (각 ㅁㄱㄴ)=90°, (각 ㄱㄴㅂ)=90°
     사각형 ㄱㄴㅂㅁ의 네 각의 크기의 합은
     360°이므로
     (각 ㄱㅁㅂ)=360°−90°−90°−115°
              =65°

❷ 사각형 ㄱㄴㅂㅁ과 사각형 ㅁㅂㅅㅇ이
  서로 합동이므로
  (각 ㅇㅁㅂ)=(각 ㄱㅁㅂ)=65°
❸ 일직선은 180°이므로
  ㉠=180°−65°−65°=50°

  답 50°

4 서로 합동인 두 삼각형은
  대응변의 길이가 같으므로
  (변 ㄱㄷ)=(변 ㄹㅁ)=13 cm,
  (변 ㅁㄷ)=(변 ㄷㄴ)=5 cm
  → (선분 ㄱㅁ)=(변 ㄱㄷ)−(변 ㅁㄷ)
           =13−5=8 (cm)

  답 8 cm

14 DAY
66~67쪽

1 선대칭도형은 대칭축을 따라 접었을 때 완전히 겹
  치므로
  (각 ㄱㅂㄷ)=(각 ..ㅁㅂㄷ..)= ..110.. °.
  사각형 ㄱㄴㄷㅂ에서
  (각 ㄱㄴㄷ)
  =(사각형의 네 각의 크기의 합)
   −(각 ㅂㄱㄴ)−(각 ㄴㄷㅂ)−(각 ㄱㅂㄷ)
  = ..360°−80°−125°−110°..
  = ..45.. °

  답 45°

2 ❶ 점대칭도형은 대응각의 크기가 같으므로
     (각 ㄱㄹㄷ)=(각 ㄷㄴㄱ)=40°
   ❷ 삼각형 ㄱㄷㄹ에서
     (각 ㄱㄷㄹ)
     =(삼각형의 세 각의 크기의 합)
      −(각 ㄹㄱㄷ)−(각 ㄱㄹㄷ)
     =180°−30°−40°
     =110°

  답 110°

3 선대칭도형은 대응변의 길이가 같으므로
(변 ㄴㄷ)=(변 ㄴㄱ)=12 cm이고,
(변 ㄱㄹ)=(변 ㄷㄹ)입니다.
→ (변 ㄱㄹ)=(40−12−12)÷2
=8 (cm)

답 8 cm

다른 풀이 선대칭도형의 둘레가 40 cm이므로
(변 ㄱㄴ)+(변 ㄱㄹ)=40÷2=20 (cm)
(변 ㄱㄹ)=20−(변 ㄱㄴ)
=20−12=8 (cm)

4 ❶
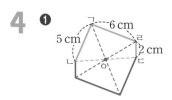

❷ 점대칭도형은 대응변의 길이가 같으므로
완성한 점대칭도형에는 길이가 5 cm인 변이 2개,
6 cm인 변이 2개, 2 cm인 변이 2개 있습니다.
(둘레)=(5+6+2)×2
=13×2=26 (cm)

답 26 cm

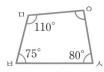
68~70쪽

1 ❶ 서로 합동인 두 사각형은
대응각의 크기가 같으므로
(각 ㅇㅁㅂ)=(각 ㄱㄹㄷ)=110°,
(각 ㅇㅅㅂ)=(각 ㄱㄴㄷ)=80°

❷ 사각형의 네 각의 크기의 합은 360°이므로
(각 ㅁㅇㅅ)=360°−110°−75°−80°
=95°

답 95°

---

2 ❶ 선대칭도형은 대응변의 길이가 같으므로
(변 ㄱㄴ)=(변 ㄱㄷ)=10 cm이고,
(선분 ㄷㄹ)=(선분 ㄴㄹ)=8 cm입니다.
❷ (삼각형 ㄱㄴㄷ의 둘레)
=(변 ㄱㄴ)+(선분 ㄴㄹ)+(선분 ㄹㄷ)
+(변 ㄷㄱ)
=10+8+8+10=36 (cm)

다른 풀이 (삼각형 ㄱㄴㄷ의 둘레)
=((변 ㄱㄴ)+(선분 ㄴㄹ))×2
=(10+8)×2=36 (cm)

답 36 cm

3 ❶ 점대칭도형은 대응각의 크기가 같으므로
(각 ㄹㄷㄴ)=(각 ㄴㄱㄹ)=120°입니다.
❷ (각 ㄱㄴㄷ)=(각 ㄷㄹㄱ)=□라고 하면
□+120°+□+120°=360°
□+□=120°,
□=120°÷2=60°

답 60°

다른 풀이 (각 ㄴㄱㄹ)=(각 ㄹㄷㄴ)이고,
(각 ㄱㄴㄷ)=(각 ㄷㄹㄱ)이므로
→ (각 ㄴㄱㄹ)+(각 ㄱㄴㄷ)=180°
→ (각 ㄱㄴㄷ)=180°−(각 ㄴㄱㄹ)
=180°−120°=60°

4 ❶ 0부터 9까지의 숫자 중에서
선대칭도형인 숫자는 0, 1, 3, 8입니다.
❷ 0부터 9까지의 숫자 중에서
점대칭도형인 숫자는 0, 1, 2, 5, 8입니다.
❸ 따라서 선대칭도형도 되고 점대칭도형도 되는
숫자는 0, 1, 8입니다.

답 0, 1, 8

5 ❶ 서로 합동인 두 사각형은
대응변의 길이가 같으므로
(변 ㄱㄴ)=(변 ㅇㅁ)=20 cm
❷ 사각형 ㄱㄴㄷㄹ에서
(변 ㄷㄹ)
=(둘레)−(변 ㄱㄴ)−(변 ㄴㄷ)−(변 ㄱㄹ)
=76−20−20−15
=21 (cm)

답 21 cm

채점기준	
❶ 변 ㄱㄴ의 길이를 구하면	3점
❷ 변 ㄷㄹ의 길이를 구하면	3점
	6점

6 ❶ 삼각형 ㄱㄴㄷ의 세 각의 크기의 합은
180°이므로
(각 ㄱㄷㄴ)=180°−70°−80°=30°
서로 합동인 두 삼각형은
대응각의 크기가 같으므로
(각 ㄹㅁㅂ)=(각 ㄱㄷㄴ)=30°

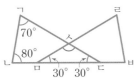

❷ 삼각형 ㅅㅁㄷ의 세 각의 크기의 합은
180°이므로
(각 ㅁㅅㄷ)=180°−30°−30°=120°

답 120°

채점기준	
❶ 각 ㄱㄷㄴ, 각 ㄹㅁㅂ의 크기를 각각 구하면	각 2점
❷ 각 ㅁㅅㄷ의 크기를 구하면	3점
	7점

7 ❶ 서로 합동인 두 삼각형은 대응변의 길이가
같으므로
(변 ㅁㄷ)=(변 ㄴㄷ)=8 cm
❷ (변 ㄱㄷ)=(변 ㅁㄷ)−(선분 ㅁㄱ)
=8−2=6 (cm)

답 6 cm

채점기준	
❶ 변 ㅁㄷ의 길이를 구하면	4점
❷ 변 ㄱㄷ의 길이를 구하면	4점
	8점

8 ❶ 점대칭도형을 완성하면 아래와 같습니다.

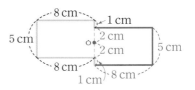

❷ (점대칭도형의 둘레)=(8+5+8+1)×2
=44 (cm)

답 44 cm

채점기준	
❶ 점대칭도형을 완성하면	4점
❷ 점대칭도형의 둘레를 구하면	4점
	8점

4. 소수의 곱셈

*개념 확인하기, 대표 문장제 익히기 정답은
 스피드 정답 7~8쪽에 있습니다.

17 DAY

78~79쪽

1 (철근 4.5 m의 무게)
   =(철근 1 m의 무게)(+ ,⊗)(철근의 길이)
   = $\underline{2.5 \times 4.5}$
   = $\underline{11.25}$ (kg)

   답 11.25 kg

2 ❶ 1 cm=0.01 m이므로 80 cm=0.8 m
   ❷ (꽃밭의 넓이)
      =(평행사변형의 넓이)
      =(밑변의 길이)×(높이)
      =2×0.8=1.6 (m²)

      답 1.6 m²

   참고 1 m=100 cm → 1 cm=0.01 m

3 ❶ 12분=$\frac{12}{60}$시간=$\frac{2}{10}$시간=0.2시간이므로
      1시간 12분=1시간+0.2시간=1.2시간
   ❷ (자동차로 갈 수 있는 거리)
      =(1시간 동안 가는 거리)×(달린 시간)
      =60×1.2=72 (km)

      답 72 km

   참고 소수점 아래 마지막 0은 생략하여 나타냅니다.
      72.0̸ → 72

4 (필요한 찰흙의 양)
   =(학생 한 명에게 나누어 줄 찰흙의 양)×(학생 수)
   =0.34×9=3.06 (kg)
   필요한 찰흙이 3.06 kg이므로
   1 kg짜리 찰흙을 적어도 4개 사야 합니다.

   답 4개

   주의 찰흙을 3 kg 사면 0.06 kg이 부족하므로
      올림하여 4 kg을 사야 합니다.

18 DAY

82~83쪽

1 (20000원)=(1000원의 _20_ 배)
      =(0.89달러의 _20_ 배)
      =0.89 (+ ,⊗) _20_
      = _17.8_ (달러)

   답 17.8달러

2 ❶ 1 cm=0.01 m이므로 20 cm=0.2 m
      → 1 m 20 cm=1 m+0.2 m=1.2 m
   ❷ (사용한 색 테이프의 길이)
      =(1.2 m의 0.9만큼)
      =1.2×0.9
      =1.08 (m)

      답 1.08 m

3 ❶ (사과)=(배 무게의 0.7배)
      =(0.4 kg의 0.7배)
      =0.4×0.7
      =0.28 (kg)
   ❷ (수박)=(사과 무게의 26배)
      =(0.28 kg의 26배)
      =0.28×26
      =7.28 (kg)

      답 7.28 kg

4 ❶ (늘어난 몸무게)=(38 kg의 0.2배)
      =38×0.2
      =7.6 (kg)
   ❷ (올해 몸무게)
      =(작년 몸무게)+(늘어난 몸무게)
      =38+7.6
      =45.6 (kg)

      답 45.6 kg

   다른풀이 올해 몸무게는 작년 몸무게의 1.2배입니다.
      (올해 몸무게)=(38 kg의 1.2배)
            =38×1.2=45.6 (kg)

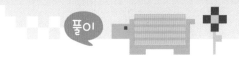

19 DAY

1 (5분 동안 받은 물의 양)

= (1분에 나오는 물의 양) (+ , ⊗) (물을 받은 시간)

= $\underline{22.5 \times 5}$

= $\underline{112.5}$ (L)

(남은 물의 양)

= (5분 동안 받은 물의 양) (⊖, ×) (사용한 물의 양)

= $\underline{112.5 - 4.7}$

= $\underline{107.8}$ (L)

답 107.8 L

2 (진영이의 몸무게) = (41 kg의 0.9배) + 2

= $41 \times 0.9 + 2$

= $36.9 + 2$

= 38.9 (kg)

답 38.9 kg

참고 덧셈과 곱셈이 섞여 있는 식에서는 곱셈을 먼저 계산합니다.

3 ❶ (색 테이프 6장의 길이의 합) = 8.2×6

= 49.2 (cm)

❷ 색 테이프 6장을 이어 붙이면

겹친 부분은 $6 - 1 = 5$(군데)입니다.

(겹친 부분의 길이의 합) = 0.7×5

= 3.5 (cm)

❸ (이어 붙인 색 테이프의 전체 길이)

= (색 테이프 6장의 길이의 합)

− (겹친 부분의 길이의 합)

= $49.2 - 3.5 = 45.7$ (cm)

답 45.7 cm

4 ❶ 30분 = $\dfrac{30}{60}$ 시간 = $\dfrac{5}{10}$ 시간 = 0.5시간

❷ (양초가 30분 동안 탄 길이) = 0.08×0.5

= 0.04 (m)

❸ (타고 남은 양초의 길이) = $0.4 - 0.04$

= 0.36 (m)

답 0.36 m

20 DAY

1 ❶ (70 km를 가는 데 필요한 휘발유 양)

= (1 km를 가는 데 필요한 휘발유 양) × (거리)

= 0.08×70

❷ = 5.6 (L)

답 5.6 L

채점기준	
❶ 식을 세우면	2점
❷ 필요한 휘발유의 양을 구하면	3점
	5점

2 ❶ (감자를 심은 부분의 넓이) = (전체 넓이) × 0.3

= 27×0.3

❷ = 8.1 (m²)

답 8.1 m²

채점기준	
❶ 식을 세우면	2점
❷ 감자를 심은 부분의 넓이를 구하면	3점
	5점

3 ❶ (5000원) = (1000원의 5배)

= (5.82위안의 5배)

= 5.82×5

❷ = 29.1(위안)

답 29.1위안

채점기준	
❶ 식을 세우면	2점
❷ 5000원을 중국 돈으로 바꾸면 얼마인지 구하면	3점
	5점

4 ❶ (타일 한 개의 넓이) = (가로) × (세로)

= 0.6×0.7

= 0.42 (m²)

❷ (타일을 붙인 벽의 넓이)

= (타일 한 개의 넓이) × (타일의 개수)

= $0.42 \times 12 = 5.04$ (m²)

답 5.04 m²

채점기준	
❶ 타일 한 개의 넓이를 구하면	3점
❷ 타일을 붙인 벽의 넓이를 구하면	3점
	6점

5

❶ 2분 30초=2.5분

❷ (2분 30초 동안 받을 수 있는 약수)

　＝(1분 동안 받는 약수)×(시간)

　＝3.5×2.5

　＝8.75 (L)

답 8.75 L

6

❶ (만화책 무게)=(백과사전 무게의 0.7배)

　＝(0.9 kg의 0.7배)

　＝0.9×0.7

　＝0.63 (kg)

❷ (동화책 무게)=(만화책 무게의 1.4배)

　＝(0.63 kg의 1.4배)

　＝0.63×1.4

　＝0.882 (kg)

답 0.882 kg

7

❶ 1 mL=0.001 L이므로 800 mL=0.8 L

　➡ 1 L 800 mL=1.8 L

　(1 L 800 mL짜리 물 12병)=1.8×12

　＝21.6 (L)

❷ (0.5 L짜리 물 20병)=0.5×20

　＝10 (L)

❸ 따라서 어머니께서 산 물은 모두

　21.6+10=31.6 (L)입니다.

답 31.6 L

참고 1 L=1000 mL이므로 1 mL=0.001 L입니다.

8

❶ (올해 승원이의 키)=(작년 키)×1.05

　＝142×1.05

　＝149.1 (cm)

❷ (올해 호균이의 키)=(작년 키)×1.1

　＝139×1.1

　＝152.9 (cm)

❸ 149.1<152.9이므로 호균이의 키가

❹ 152.9−149.1=3.8 (cm) 더 큽니다.

답 호균, 3.8 cm

5. 직육면체

*개념 확인하기, 대표 문장제 익히기 정답은
 스피드 정답 8~10쪽에 있습니다.

22 DAY　　　　　　98~99쪽

1　보이지 않는 면의 수 : __3__ 개
　보이지 않는 모서리의 수 : __3__ 개
　➡ (합)=(보이지 않는 면의 수)($+$, −)
　　　　　　　　　　　(보이지 않는 모서리의 수)
　　　　　= __3+3__
　　　　　= __6__ (개)

　　　　　　　　　　　　　　　　　답 6개

2　❶ 면 ㄴㅂㅅㄷ과 마주 보는 면을 찾으면
　　면 ㄱㅁㅇㄹ입니다.

8 cm
5 cm　3 cm

　　참고　면 ㅁㅇㄹㄱ, 면 ㅇㄹㄱㅁ, 면 ㄹㄱㅁㅇ이라고 해도
　　　　됩니다.
　❷ 면 ㄱㅁㅇㄹ에는
　　길이가 8 cm인 모서리가 2개,
　　길이가 5 cm인 모서리가 2개입니다.
　　➡ (모서리 길이의 합)=8+5+8+5=26 (cm)

　　　　　　　　　　　　　　　　답 26 cm

3　❶ [주사위 2] 와 수직인 면은
　　[주사위 1], [주사위 3], [주사위 6], [주사위 4] 입니다.
　　따라서 눈의 수가 2인 면과 수직인 면의 눈의 수는
　　1, 3, 4, 6입니다.
　❷ (눈의 수의 합)=1+3+4+6=14

　　　　　　　　　　　　　　　　답 14

　다른
　풀이　눈의 수가 2인 면과 수직인 면은 마주 보는 두 면이 2쌍
　　　이므로 눈의 수의 합은 7×2=14입니다.

4

	직육면체	정육면체
면의 수(개)	6	6
모서리의 수(개)	12	12
꼭짓점의 수(개)	8	8
면의 모양	직사각형	정사각형
모서리의 길이	같을 수도 있고 다를 수도 있습니다.	모두 같습니다.

공통점 예 ① 면의 수가 6개로 같습니다.
　　　　② 모서리의 수가 12개로 같습니다.
　　　　③ 꼭짓점의 수가 8개로 같습니다.

차이점 예 ① 면의 모양이 직육면체는 직사각형이고,
　　　　정육면체는 정사각형입니다.
　　　　② 직육면체의 모서리의 길이는 같을 수도
　　　　있고 다를 수도 있지만, 정육면체는 모
　　　　서리의 길이가 모두 같습니다.

23 DAY　　　　　　102~103쪽

1　직육면체에는 길이가
　5 cm인 보이는 모서리가 __6__ 개,
　길이가 10 cm인 보이는 모서리가 __3__ 개입니다.
　➡ (보이는 모서리 길이의 합)
　　= __5×6+10×3__
　　= __60__ (cm)

　　　　　　　　　　　　　　　　답 60 cm

2　끈으로 둘러싸는 부분은
　길이가 20 cm, 16 cm인 부분이 각각 2군데씩이고,
　길이가 10 cm인 부분이 4군데입니다.
　➡ (필요한 끈의 길이)
　　=(상자를 둘러싸는 길이)
　　　+(매듭으로 사용하는 길이)
　　=(20×2+16×2+10×4)+25
　　=(40+32+40)+25
　　=137 (cm)

　　　　　　　　　　　　　　　　답 137 cm

3 정육면체의 모서리는 12개이고,
길이가 모두 같으므로
(한 모서리의 길이)
＝(모든 모서리 길이의 합)÷(모서리의 수)
＝60÷12＝5 (cm)

답 5 cm

다른 풀이 정육면체의 한 모서리의 길이를 □ cm라고 하면
□×12＝60, □＝60÷12＝5
따라서 정육면체의 한 모서리의 길이는 5 cm입니다.

4 모서리 ㅂㅅ의 길이를 □ cm라 하면
□×4＋6×4＋3×4＝64,
□×4＋36＝64,
□×4＝28,
□＝7

답 7 cm

다른 풀이 모서리 ㅂㅅ의 길이를 □ cm라 하면
(□＋6＋3)×4＝64,
□＋6＋3＝16,
□＝7

24 DAY

106~107쪽

1 답 정육면체를 만들 수 (없습니다, 있습니다).

이유 왜냐하면 　예 전개도를 접었을 때
　　　　色칠한 두 면이 서로 겹치기 　때문입니다.

2 ❶

❷ (⬛, ⬛)가 서로 평행한 면이므로
(평행한 두 면에 있는 눈의 수의 합)＝3＋4＝7

❸ 면 가와 평행한 면: ⬛
　→ 면 가의 눈의 수 : 7−5＝2
　면 나와 평행한 면: ⬛
　→ 면 나의 눈의 수 : 7−1＝6

답 2, 6

3 ❶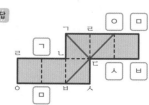

❷ ① 면 ㄱㄴㄷㄹ을 찾아 선분 ㄱㄷ을 긋습니다.
　② 면 ㄴㅂㅅㄷ을 찾아 선분 ㅂㄷ을 긋습니다.
　③ 면 ㄷㅅㅇㄹ을 찾아 선분 ㄷㅇ을 긋습니다.

답 [그림]

4 [그림]
(선분 ㄱㅎ)＝(선분 ㄴㄷ)＝4 cm,
(선분 ㅎㅍ)＝(선분 ㄷㄹ)＝(선분 ㅁㄹ)
　　　　　＝(선분 ㄴㅅ)＝2 cm,
(선분 ㅍㅇ)＝(선분 ㅌㅋ)＝(선분 ㅎㄱ)＝4 cm,
(선분 ㅇㅈ)＝(선분 ㅇㅅ)＝(선분 ㄱㄴ)＝6 cm
→ (선분 ㄱㅈ)
　＝(선분 ㄱㅎ)＋(선분 ㅎㅍ)＋(선분 ㅍㅇ)
　　＋(선분 ㅇㅈ)
　＝4＋2＋4＋6＝16 (cm)

답 16 cm

25 DAY

108~110쪽

1 ❶ 보이지 않는 면의 수는 3개이고
　보이는 모서리의 수는 9개이므로
❷ 두 수의 차는 9−3＝6(개)입니다.

답 6개

채점기준	
❶ 보이지 않는 면의 수와 보이는 모서리의 수를 각각 구하면	각 2점
❷ 두 수의 차를 구하면	1점
	5점

2 잘못 설명한 것 ❶ ㉢

고쳐 쓰기 ❷ 한 꼭짓점에서 만나는 면은 모두 3개
입니다.

채점기준

❶ 잘못 설명한 것을 찾으면	○	2점
❷ 바르게 고쳐 쓰면	○	3점
		5점

3 ❶ 옆면은 색칠한 면과 수직인 면이므로
면 ㄱㄴㄷㄹ, 면 ㄴㅂㅅㄷ, 면 ㅁㅂㅅㅇ,
면 ㄱㅁㅇㄹ로

❷ 모두 4개입니다.

답 면 ㄱㄴㄷㄹ, 면 ㄴㅂㅅㄷ,
면 ㅁㅂㅅㅇ, 면 ㄱㅁㅇㄹ
4개

채점기준

❶ 옆면을 모두 찾아 쓰면	○	4점
❷ 모두 몇 개인지 쓰면	○	1점
		5점

4 ❶ 전개도에 기호를 알맞게 씁니다.
❷ 직육면체에서 선이 지나간 면을 찾아 전개도에
선분을 알맞게 그립니다.

답
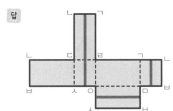

채점기준

❶ 기호를 알맞게 쓰면	○	3점
❷ 선분을 바르게 그리면	○	3점
		6점

5 ❶ 정육면체에서 평행한 면은 서로 마주 보는 면입
니다.
❷ 전개도를 접었을 때 ♣가 그려진 면과 마주 보
는 면에 그려진 모양은 ◆입니다.

답 ◆

채점기준

❶ 정육면체에서 평행한 면의 성질을 알면	○	2점
❷ 평행한 면에 그려진 모양을 구하면	○	4점
		6점

6 ❶ 끈으로 둘러싼 부분은
길이가 9 cm인 부분이 2군데, 7 cm인 부분이
4군데, 6 cm인 부분이 2군데입니다.

❷ (사용한 끈의 길이)$=9 \times 2 + 7 \times 4 + 6 \times 2$
$=58$ (cm)

답 58 cm

채점기준

❶ 끈으로 둘러싼 부분의 길이를 구하면	○	3점
❷ 사용한 끈의 길이를 구하면	○	3점
		6점

7
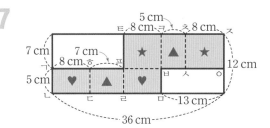

❶ (선분 ㄱㄴ)$=12-7=5$ (cm)이므로
(선분 ㅂㅁ)=(선분 ㅂㅅ)=(선분 ㅋㅊ)=5 cm

❷ (선분 ㅅㅇ)$=13-5=8$ (cm)이므로
(선분 ㅊㅈ)=8 cm

❸ 면 ㅌㅍㅂㅋ과 면 ㅊㅅㅇㅈ은 서로 평행한 면으
로 합동입니다.
따라서 (선분 ㅌㅋ)=(선분 ㅊㅈ)=8 cm

참고 같은 모양끼리 합동입니다.

답 8 cm

채점기준

❶ 선분 ㅂㅅ(또는 선분 ㅋㅊ)의 길이를 구하면	○	2점
❷ 선분 ㅅㅇ(또는 선분 ㅊㅈ)의 길이를 구하면	○	3점
❸ 선분 ㅌㅋ의 길이를 구하면	○	3점
		8점

8 ❶ 직육면체에는 길이가 10 cm, 4 cm, 7 cm인
모서리가 각각 4개씩 있으므로
(모든 모서리 길이의 합)$=(10+4+7) \times 4$
$=21 \times 4=84$ (cm)

❷ (정육면체의 한 모서리의 길이)
=(모든 모서리 길이의 합)÷(모서리의 수)
$=84 \div 12=7$ (cm)

답 7 cm

채점기준

❶ 직육면체의 모든 모서리의 길이의 합을 구하면	○	4점
❷ 정육면체의 한 모서리의 길이를 구하면	○	4점
		8점

6. 평균과 가능성

*개념 확인하기, 대표 문장제 익히기 정답은
스피드 정답 10~11쪽에 있습니다.

27 DAY   118~119쪽

1 (몸무게의 평균)
＝(몸무게의 합계)(× ,(÷))(학생 수)
＝ (42＋40＋37＋25)÷4＝144÷4
＝ 36 (kg)
따라서 몸무게가 평균 36 kg보다 무거운 학생은
성주, 혜경, 지연 으로 3 명입니다.

답 3명

2 ❶ (현우가 한 회에 쓰러뜨린 볼링 핀 수의 평균)
＝(쓰러뜨린 볼링 핀 수의 합계)÷(횟수)
＝(8＋10＋4＋6＋7)÷5
＝35÷5＝7(개)
(수민이가 한 회에 쓰러뜨린 볼링 핀 수의 평균)
＝(6＋9＋8＋9)÷4
＝32÷4＝8(개)
❷ 현우와 수민이가 쓰러뜨린 볼링 핀 수의 평균을
비교하면 7개＜8개이므로
수민이가 더 잘했다고 볼 수 있습니다.

답 수민

3 ❶ (쌀 생산량의 합계)
＝(쌀 생산량의 평균)×(마을 수)
＝458×5
＝2290 (kg)
❷ (다 마을의 쌀 생산량)
＝(쌀 생산량의 합계)
　－(다 마을을 뺀 나머지 마을의 쌀 생산량 합계)
＝2290－(472＋360＋513＋415)
＝2290－1760
＝530 (kg)

답 530 kg

4 ❶ (평균 나이)＝(나이의 합계)÷(회원 수)
＝(12＋15＋21＋18＋24)÷5
＝90÷5＝18(살)
❷ 새로운 회원이 한 명 더 들어와서 평균 나이가
1살 낮아졌으므로
평균 나이는 17살이 되었습니다.
❸ (새로운 회원을 포함한 나이의 합계)
＝(평균)×(회원 수)
＝17×6＝102(살)
(새로운 회원의 나이)
＝102－(12＋15＋21＋18＋24)
＝102－90＝12(살)

답 12살

28 DAY   122~123쪽

1 사탕을 받으려면
화살이 ((빨간색), 초록색)에 멈추어야 합니다.
빨간색은 전체 6칸 중에서 3 칸이므로
화살이 빨간색에 멈출 가능성은
(불가능하다 ,(반반이다), 확실하다)입니다.
따라서 수로 표현하면 (0 ,($\frac{1}{2}$), 1)입니다.

답 $\frac{1}{2}$

2 주머니 안에 빨간색 공이 없으므로
빨간색 공을 꺼낼 가능성은 '불가능하다'입니다.
따라서 수로 표현하면 0입니다.

답 0

3 주사위 눈의 수 1, 2, 3, 4, 5, 6 중에서
홀수는 1, 3, 5이고,
홀수가 아닌 수는 2, 4, 6이므로
나온 주사위 눈의 수가 홀수가 아닐 가능성은
'반반이다'입니다.
따라서 수로 표현하면 $\frac{1}{2}$입니다.

답 $\frac{1}{2}$

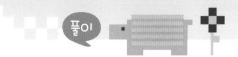

4 ㉠ 수 카드의 수는 모두 10 이하이므로
　　가능성은 '확실하다'입니다.
　㉡ 뽑은 수 카드의 수가 10이어야 하므로
　　가능성은 '~아닐 것 같다'입니다.
　㉢ 12의 약수는 1, 2, 3, 4, 6, 12입니다.
　　따라서 뽑은 카드의 수가 1, 2, 3, 4, 6이어야
　　하므로 가능성은 '반반이다'입니다.
　㉣ 수 카드에는 10보다 큰 수가 없으므로
　　가능성은 '불가능하다'입니다.
　따라서 일이 일어날 가능성이 낮은 순서대로 기호
　를 쓰면 ㉣, ㉡, ㉢, ㉠입니다.

　　　　　　　　　　　답 ㉣, ㉡, ㉢, ㉠

> **다른 풀이** 조건을 만족하는 수 카드의 수가 적을수록 일이 일어날
> 가능성이 낮습니다.
> 　조건을 만족하는 수 카드의 수가
> 　㉠ 10장, ㉡ 1장, ㉢ 5장, ㉣ 0장이므로
> 　일이 일어날 가능성이 낮은 순서대로 기호를 쓰면
> 　㉣, ㉡, ㉢, ㉠입니다.

---

29 DAY

124~126쪽

1 ❶ (학급별 학생 수의 평균)
　　＝(5학년 전체 학생 수)÷(학급 수)
　　＝(24＋26＋22＋25＋23＋24)÷6
　　＝144÷6
　❷ ＝24(명)

　　　　　　　　　　　　　　답 24명

> **채점기준**
> ❶ 식을 세우면 ⋯⋯⋯⋯⋯⋯⋯⋯⋯⋯⋯⋯⋯⋯ 2점
> ❷ 평균을 구하면 ⋯⋯⋯⋯⋯⋯⋯⋯⋯⋯⋯⋯⋯ 3점
> 　　　　　　　　　　　　　　　　　　　5점

2 ❶ 회전판에 적힌 수 중에서 숫자 4는 없으므로
　　화살이 숫자 4에 멈출 가능성은 '불가능하다'입
　　니다.
　❷ 따라서 수로 표현하면 0입니다.

　　　　　　　　　　　　　　답 0

> **채점기준**
> ❶ 가능성을 말로 표현하면 ⋯⋯⋯⋯⋯⋯⋯⋯⋯ 3점
> ❷ 가능성을 수로 표현하면 ⋯⋯⋯⋯⋯⋯⋯⋯⋯ 2점
> 　　　　　　　　　　　　　　　　　　　5점

3 ❶ 주사위 6개의 면 중에서 ♠ 모양은 3개의 면에
　　그려져 있으므로
　　나온 주사위 눈의 모양이 ♠ 모양일 가능성은
　　'반반이다'입니다.
　❷ 따라서 수로 표현하면 $\frac{1}{2}$입니다.

　　　　　　　　　　　　　답 $\frac{1}{2}$

> **채점기준**
> ❶ 가능성을 말로 표현하면 ⋯⋯⋯⋯⋯⋯⋯⋯⋯ 3점
> ❷ 가능성을 수로 표현하면 ⋯⋯⋯⋯⋯⋯⋯⋯⋯ 2점
> 　　　　　　　　　　　　　　　　　　　5점

4 ❶ (건희네 모둠 평균)
　　＝(31＋20＋27＋15＋32)÷5
　　＝125÷5＝25(번)
　　(예진이네 모둠 평균)
　　＝(29＋31＋14＋26＋35)÷5
　　＝135÷5＝27(번)
　❷ 두 모둠의 평균을 비교하면 25번<27번이므로
　　예진이네 모둠이 더 잘했다고 볼 수 있습니다.

　　　　　　　　　　　답 예진이네 모둠

> **채점기준**
> ❶ 건희네와 예진이네 모둠의 평균을 각각 구하면 ⋯⋯ 각 2점
> ❷ 어느 모둠이 더 잘했다고 볼 수 있는지 쓰면 ⋯⋯ 2점
> 　　　　　　　　　　　　　　　　　　　6점

5 ❶ 준서 : ×가 정답이거나 ○가 정답이므로
　　　　　정답을 맞혔을 가능성은 '반반이다'입니
　　　　　다. → $\frac{1}{2}$
　　효은 : 주사위 눈의 수는 1, 2, 3, 4, 5, 6으로
　　　　　항상 7보다 작으므로
　　　　　주사위 눈의 수가 7보다 작을 가능성은
　　　　　'확실하다'입니다. → 1
　　수아 : 당첨 제비가 아닌 경우는 없으므로
　　　　　뽑은 제비가 당첨 제비가 아닐 가능성은
　　　　　'불가능하다'입니다. → 0
　❷ 따라서 일이 일어날 가능성이 높은 순서대로 이
　　름을 쓰면 효은, 준서, 수아입니다.

　　　　　　　　　　　답 효은, 준서, 수아

> **채점기준**
> ❶ 각각의 가능성을 수로 표현하면 ⋯⋯⋯⋯⋯⋯ 각 2점
> ❷ 일이 일어날 가능성이 높은 순서대로 이름을 쓰면 ⋯ 1점
> 　　　　　　　　　　　　　　　　　　　7점

6

❶ (6개월 동안 비가 온 날수)

$=$(평균)$\times$(개월 수)

$=8\times6=48$(일)

❷ (7월에 비가 온 날수)

$=48-(8+5+5+7+11)$

$=48-36=12$(일)

답 12일

채점기준	
❶ 6개월 동안 비가 온 날수를 구하면	3점
❷ 7월에 비가 온 날수를 구하면	4점
	7점

7

❶ (4월까지 월평균 수입액)

$=(46+39+48+51)\div4$

$=184\div4=46$(억 원)

❷ (5월까지 월평균 수입액)

$=$(4월까지 월평균 수입액)$+2$

$=46+2=48$(억 원)

❸ (5월까지 수입액 합계)

$=$(5월까지 월평균 수입액)$\times$(개월 수)

$=48\times5=240$(억 원)

❹ (5월의 수입액)

$=$(5월까지 수입액 합계)

$-$(4월까지 수입액 합계)

$=240-184=56$(억 원)

답 56억 원

채점기준	
❶ 4월까지의 월평균 수입액을 구하면	2점
❷ 5월까지의 월평균 수입액을 구하면	2점
❸ 5월까지 수입액의 합계를 구하면	2점
❹ 5월의 수입액을 구하면	2점
	8점

8

❶ (남학생이 자란 키의 합계)

$=$(평균)$\times$(남학생 수)

$=5\times15=75$ (cm)이고,

(여학생이 자란 키의 합계)

$=$(평균)$\times$(여학생 수)

$=10\times10=100$ (cm)이므로

(우리 반 학생들이 자란 키의 합계)

$=$(남학생의 합계)$+$(여학생의 합계)

$=75+100=175$ (cm)

❷ (우리 반 학생 수)$=15+10=25$(명)이므로

(우리 반 학생들이 자란 키의 평균)

$=$(우리 반 학생들이 자란 키의 합계)

$\div$(우리 반 학생 수)

$=175\div25=7$ (cm)

답 7 cm

채점기준	
❶ 우리 반 학생들이 자란 키의 합계를 구하면	4점
❷ 우리 반 학생들이 자란 키의 평균을 구하면	4점
	8점

수고하셨습니다.
11권으로
올라갈까요?

기적의 수학 문장제